中等职业教育国家规划教材
全国中等职业教育教材审定委员会审定
全国建设行业中等职业教育推荐教材

建 筑 初 步

（建筑装饰专业）

主编　徐友岳

审稿　魏大中　叶桢翔

中国建筑工业出版社

图书在版编目(CIP)数据

建筑初步/徐友岳主编. —北京：中国建筑工业出版
社，2003(2024.2重印)
中等职业教育国家规划教材. 建筑装饰专业
ISBN 978-7-112-05395-7

Ⅰ. 建…　Ⅱ. 徐…　Ⅲ. 建筑设计—专业学校
—教材　Ⅳ. TU2

中国版本图书馆 CIP 数据核字（2003）第 001068 号

本书为全国中等职业技术教育建筑装饰专业的推荐教材。全书共 4 章，包括建筑与建筑装饰的基本知识、建筑与建筑装饰设计的表现技法、设计入门、作业与课程设计等，是建筑与建筑装饰设计重要的基础知识和基本技能训练课程。

本书不仅适用于建筑装饰专业教学，还可供建筑设计技术、城镇建设、室内设计、环境艺术等专业作为教学参考书使用。

中 等 职 业 教 育 国 家 规 划 教 材
全国中等职业教育教材审定委员会审定
全国建设行业中等职业教育推荐教材

建 筑 初 步

（建筑装饰专业）

主编　徐友岳

审稿　魏大中　叶桢翔

*

中国建筑工业出版社出版、发行(北京西郊百万庄)
各地新华书店、建筑书店经销
北京同文印刷有限责任公司印刷

*

开本：787×1092 毫米　1/16　印张：10　插页：2　字数：239 千字
2003 年 1 月第一版　2024 年 2 月第九次印刷
定价：**18. 00** 元
ISBN 978 -7-112-05395-7
(17784)

中等职业教育国家规划教材出版说明

为了贯彻《中共中央国务院关于深化教育改革全面推进素质教育的决定》精神，落实《面向 21 世纪教育振兴行动计划》中提出的职业教育课程改革和教材建设规划，根据教育部关于《中等职业教育国家规划教材申报、立项及管理意见》（教职成〔2001〕1 号）的精神，我们组织力量对实现中等职业教育培养目标和保证基本教学规格起保障作用的德育课程、文化基础课程、专业技术基础课程和 80 个重点建设专业主干课程的教材进行了规划和编写，从 2001 年秋季开学起，国家规划教材将陆续提供给各类中等职业学校选用。

国家规划教材是根据教育部最新颁布的德育课程、文化基础课程、专业技术基础课程和 80 个重点建设专业主干课程的教学大纲（课程教学基本要求）编写，并经全国中等职业教育教材审定委员会审定。新教材全面贯彻素质教育思想，从社会发展对高素质劳动者和中初级专门人才需要的实际出发，注重对学生的创新精神和实践能力的培养。新教材在理论体系、组织结构和阐述方法等方面均作了一些新的尝试。新教材实行一纲多本，努力为教材选用提供比较和选择，满足不同学制、不同专业和不同办学条件的教学需要。

希望各地、各部门积极推广和选用国家规划教材，并在使用过程中，注意总结经验，及时提出修改意见和建议，使之不断完善和提高。

教育部职业教育与成人教育司

2002 年 10 月

前　　言

本书是一本建筑与建筑装饰设计的入门书。它是根据中等职业技术教育建筑装饰专业建筑初步课程教学基本要求（即教学大纲）编写的。此书也可作为建筑设计技术、城镇建设规划等专业的教学用书。

本书内容包括三大部分。第一部分是建筑与建筑装饰的基本知识。第二部分是建筑与建筑装饰设计的表现技法，重点是手工作图技法，不包括计算机绘图、建筑模型、建筑摄影等。第三部分是建筑与建筑装饰设计入门。此外，本书还编写了作业指导与任务书，以利于教师组织教学或学生进行自学。

本书力求简明扼要，通俗易懂，图文并茂。教师在使用本书时，应注意让学生学用结合，加强基本功训练，一丝不苟地完成各项作业。在教学大纲允许的范围内，各地可根据具体情况对教学内容做适当增删或有所侧重。

由于时间仓促，加之编者经验不足，不当之处，敬请读者及有关专家提出批评或建议。

本书第一章由浙江建设职业技术学院徐友岳编写，第二章第一节、第二节由浙江建设职业技术学院李延龄编写，其余各章节由上海建筑工程学校王萧、曹文两人编写。全书由徐友岳统稿。此外，浙江建设职业技术学院杨毅、沈莹参加了部分插图绘制与文稿打印工作。清华大学叶桢翔、魏大中以及湖南省建筑职业技术学院朱向军等专家对文稿进行了认真审阅。编写过程中，还得到有关同志大力协助，在此一并致谢！

目　　录

第一章　建筑与建筑装饰概论

第一节　建　筑　的　本　质

一、建筑的基本构成要素

什么是建筑？要弄清这个概念，首先应知道建筑的基本构成要素。建筑的基本构成要素包括建筑功能、建筑技术、建筑形象。

（一）建筑功能

这里的功能主要指物质功能，也就是人们常说的用途，以及为满足用途而对建筑提出的各种物质要求。这些要求概括起来主要包括人体工程学、行为学以及工艺等方面的内容。

1. 人体工程学

与建筑设计、装饰设计关系密切的人体工程学内容是人体测量和人的生理要求。

人体测量包括静态（站立、坐）尺度、动态（从事各种活动）尺度、各种配合（人与人之间、人与家具设备之间、家具设备与家具设备之间）尺度等。我们在各种设计手册中

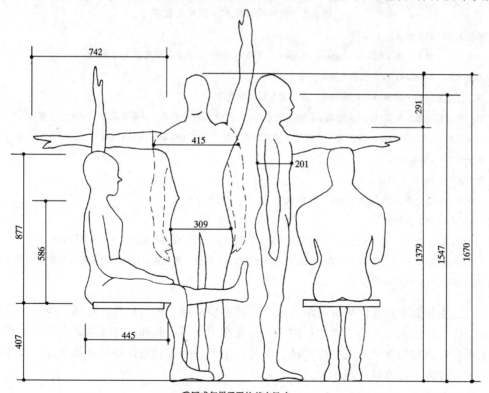

我国成年男子平均基本尺寸
（考虑着衣、穿鞋、戴帽等，该尺寸应做调整）

图 1-1　人体尺度

可以查到这些数据，但一定要注意与实际情况结合，不能生搬硬套（图1-1）。最好能经常进行一些实地测定，建立丰富的尺度概念，这对提高设计水平将大有裨益。例如，我们要设计一个中学普通教室，首先就要弄清学生与教师的身高、肩宽及在教学活动中的各种尺度，由此确定出桌、椅、讲台等的尺度和布置要求，再进一步推算出对教室空间的基本要求（图1-2）。

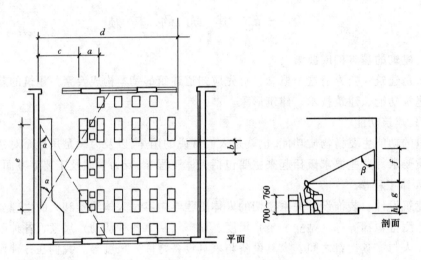

图1-2　中学普通教室中的尺度要求

1. 学生人数　45～50人。

2. 课桌尺寸（单人）宽×深×高 = 600mm×400mm×（700～760）mm，也可采用双人课桌。

3. 排距（a）= 900mm，应考虑学生就座要求。

4. 纵走道宽度（b）≥550mm，应考虑学生通行及教师辅导要求。

5. 第一排前沿至黑板距离（c）≥2000mm，应考虑设讲台、学生通行等要求，并避免粉笔灰影响学生健康。

6. 最远视距（d）≤8500mm，应使最后一排学生看清黑板上的字（按100mm×100mm尺寸考虑）。

7. 黑板长度（e）≥4000mm。

8. 黑板高度（f）≥1000mm。

9. 黑板下沿距讲台面高度（g）= 1000～1100mm。

10. 讲台高度（h）= 200mm。

11. 水平视角 α = 30°，为使学生看清黑板上的字并不致产生过大变形，课桌不能越过水平视角控制线。

12. 垂直视角 β = 45°，为使学生看清黑板上的字并不致因仰视而疲劳，课桌排列应保证第一排学生视线与黑板垂直面上边缘形成的夹角大于45°。

　　人的生理要求是我们确定建筑功能要求的主要依据，包括日照、通风、换气、保温与隔热、防火、防水与防潮、减少环境污染与噪声干扰等。此外，还应当研究视觉生理、听觉生理、运动生理等，为人们的工作、学习、生产、生活创造良好的环境条件，以提高工作效率和改善生活质量（图1-3）。

　　2. 行为学

　　人在各类建筑中的活动，常常是按照一定规律和顺序来进行的，这就构成了各种建筑空间及流线（图1-4）。人的行为特点及生理、心理要求，对建筑空间的塑造及环境条件的

2

确定起着十分重要的作用。例如，影剧院观众厅要使观众有最佳的视听效果，发生紧急情况时能安全疏散，舞台与其他设施应满足放映及演出的需要等（图1-5）。

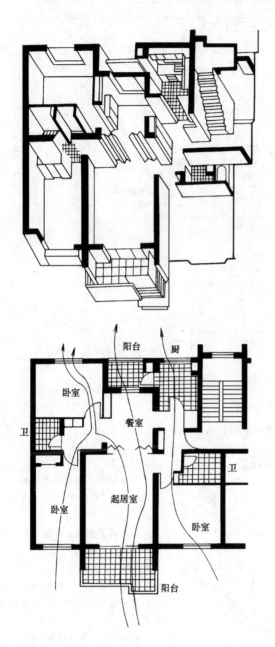

以住宅为例

1. 天然采光　卧室、起居室窗地比（窗洞口与房间地面面积之比）≥1/7

2. 照明　书写阅读时照度为150～300lx，其他情况可低一些。

3. 热环境　夏季室温＜28℃，冬季采暖区16～21℃，非采暖区12～21℃。为节约能源，应提高围护结构的保温隔热性能。主要房间应有良好的朝向。夏季，南北房间应有良好的通风。

4. 日照　主要居室冬至日日照≥2h，夏季应避免西晒。因此，房屋之间间距不能过小，主要房间不宜西向。

5. 声环境　外墙及楼板空气隔声40～50dB，楼板撞击隔声65～75dB。主要房间最好不面向城市主要街道。

6. 卫生　建设地段卫生条件良好。所有建筑材料都应符合国家环保污染控制规范的要求。

7. 安全　包括防火、防盗、防煤气泄漏、防儿童与老年人发生意外等。

图1-3　人在建筑中的生理要求

（二）建筑技术

建筑技术包括建筑材料、建筑构造、建筑设备、建筑结构、建筑施工等方面。

1. 建筑材料

建造建筑必须使用的材料有木、石、砖、水泥、钢材等。因此，建筑材料是建筑技术的物质条件。

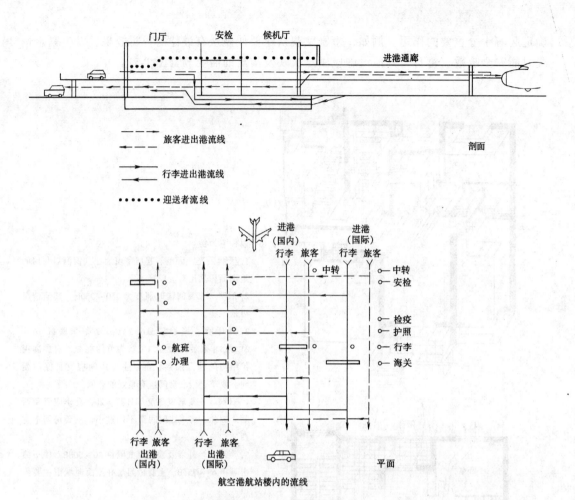

图 1-4 建筑的使用空间与流线

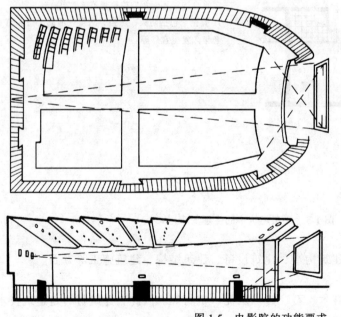

看得清
1.座席排列应满足最大视距、最小视距、水平控制角、竖向控制角的要求。
2.地面设置坡度，以保证每个观众的视线不受阻挡。

听得清
1.声音强度适当。声场分布均匀。
2.有适当的混响时间，声音饱满清晰。
3.没有回声，没有噪声干扰。

安全
在发生紧急情况时，能在规定时间内将所有观众疏散到安全地带。

放映
图像清晰，不变形。

图 1-5　电影院的功能要求

2. 建筑构造

建筑构造是指建筑各部分的组成方式。例如,房屋建筑从大的方面可分为屋顶、墙和柱、楼层、楼梯、门窗、基础等六部分,而每一部分又是用各种建筑材料,按照一定的方式组成,以满足各种功能要求(防水、防潮、保温、隔热、隔声……等)及美观要求(图1-6)。

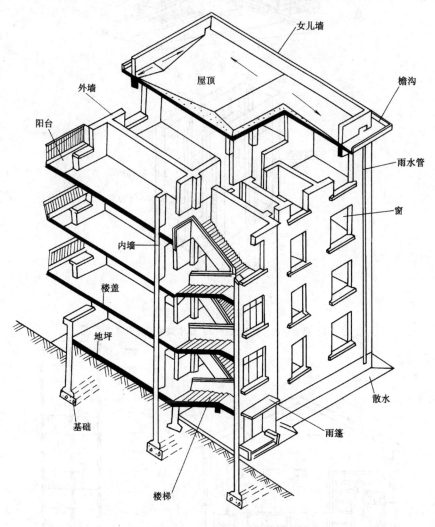

图 1-6　房屋的构造

3. 建筑设备

为了创造良好的环境条件,建筑要采用很多设备,布置很多管线,如给水、排水、电力、照明、动力、通讯、采暖、空气调节、燃气供应、智能化管理网络、电梯……等(图1-7)。

4. 建筑结构

建筑要承受各种荷载,例如,建筑自身的重量(恒荷载)、人和家具设备的重量(活荷载)、风与地震所产生的荷载(动荷载)等(图1-8)。为了保证安全,建筑应采用恰当的结构形式,并进行结构计算与设计(图1-9)。

5. 建筑施工

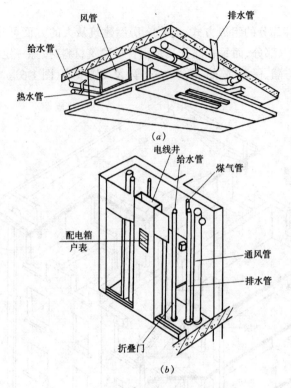

风管　排水管

给水管

热水管

(a)

电线井　给水管

煤气管

配电箱
户表

通风管

排水管

折叠门

(b)

图 1-7　建筑中的设备与管线

(a)吊顶中的设备管线；(b)住宅楼梯间竖向管道井

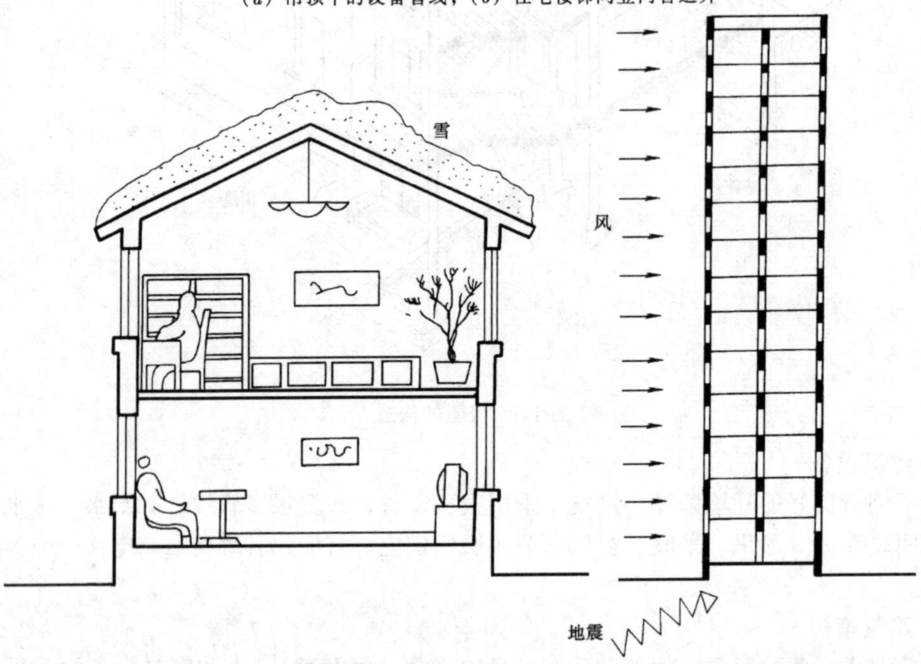

雪

风

地震

恒荷载（永久性荷载）—由建筑物本身建筑材料所产生的荷载。

活荷载—人、家具、可移动的设备、雪荷载等。

动荷载—风荷载、地震荷载等。在高层建筑中，对结构安全性影响尤为重要。

图 1-8　建筑的荷载

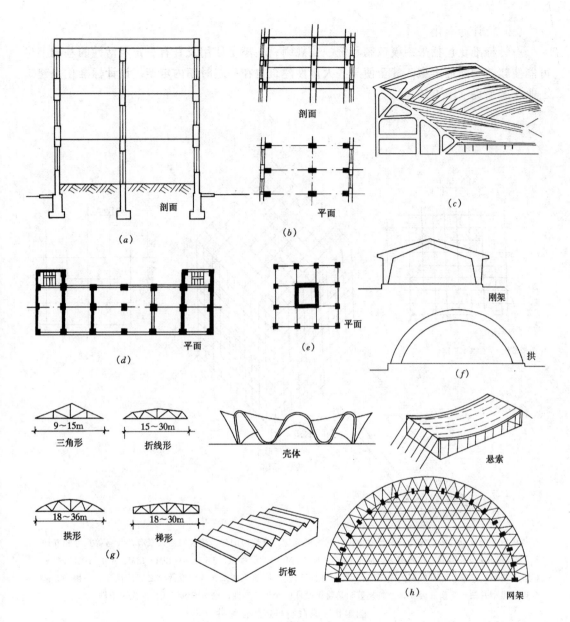

图 1-9　建筑的结构形式

（a）承重墙结构体系　竖向受力构件主要为墙（砖、石、砌块砌体或混凝土），适用于低层或多层，且横墙较多的建筑；（b）框架结构体系　由梁柱组成骨架式受力体系，适用于要求设置大房间的建筑或 7~30 层的建筑；（c）悬挑结构体系　围护结构少，空间较开敞，适用于某些对空间有特殊要求的建筑；（d）剪力墙或框架—剪力墙结构体系　侧向刚度好，抵抗水平荷载能力强，适用于 30~50 层建筑；（e）简体结构体系　有很好的空间刚度和抗震能力，多采用在 50 层以上的高层建筑；（f）拱与刚架结构　适用于单层大跨建筑；（g）桁架结构　由杆件组成的结构体系，适用于较大跨度的单层建筑或多层建筑的顶层；（h）其他大跨度结构

　　建筑施工包括施工技术与施工组织。由于建筑类型多、体量大、地域性强、造型要求高，长期以来，主要采取手工业或半手工业方式来建造。这种方式已不能适应现代社会的需要，因而建筑必须走工业化的道路。建筑工业化的标志是设计标准化、构配件生产工厂化、施工机械化、施工管理科学化。

（1）设计标准化

设计标准化包括采用模数制和统一化规则，在满足使用及具有一定灵活性的基础上尽可能使建筑构配件定型，甚至使某些大量性建筑也在一定时期内定型。设计标准化是建筑工业化的前提（图1-10）。

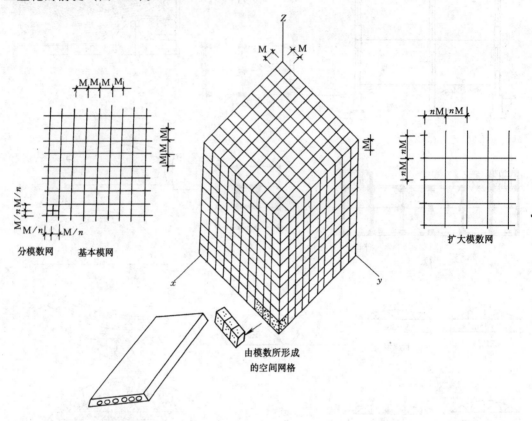

建筑模数是建筑设计中选定的标准尺寸单位，作为建筑物、建筑构配件、建筑制品以及有关设备等尺寸相互协调的基础。我国采用基本模数 M = 100mm。M/2、M/5、M/10 为分模数。3M、6M、12M、15M、30M、60M 为扩大模数。按照这样建立起来的模数网格进行设计，便可以使不同建筑物及其各组成部分之间的尺寸统一协调，减少构件类型并便于互换。因此，建筑模数制是建筑设计标准化的基础，也是建筑工业化的先决条件。

图 1-10　模数制与定型构配件

（2）构配件生产工厂化

大量性建筑的构配件应尽可能在工厂中生产，甚至成为在市场中流通的商品。这样，构配件制作质量可以提高，生产成本可以下降，建设的速度也可以加快。

（3）施工机械化

混凝土的搅拌与输送、材料和构配件的运输、吊装都要采用现代机具，以减少人工劳动，提高生产效率。

（4）施工管理科学化

应采用现代管理方法与管理技术，包括计算机等先进手段，提高建筑工程建设的管理水平。

建筑工业化的类型很多,主要分成预制装配式建筑和工业化现场施工两大类(图1-11)。

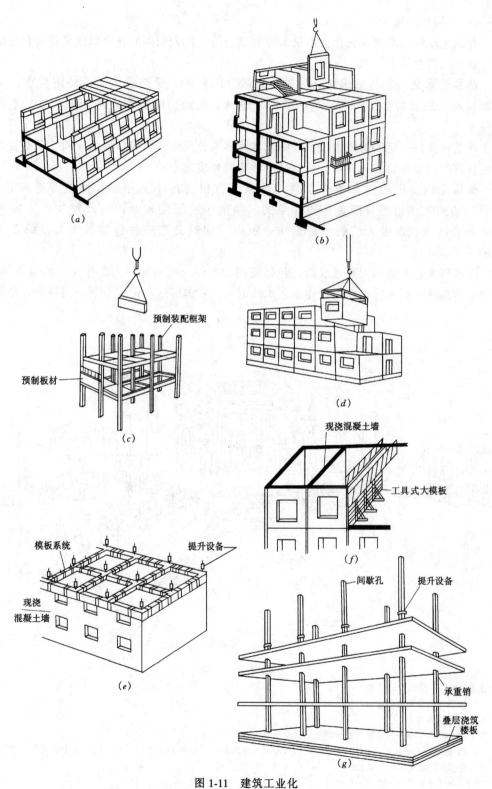

图 1-11　建筑工业化

（a）砌块建筑；（b）大板建筑；（c）框架板材建筑；（d）盒子建筑；
（e）滑模建筑；（f）大模板建筑；（g）升板建筑

（三）建筑形象

建筑主要是为满足某种社会生活需要而建造的，但人们同时还要求建筑具有良好的观感，满足人们的审美要求。

建筑艺术是一种与适用性、物质性相结合的艺术。建筑必须满足使用要求，运用建筑材料，按照科学法则来建造。所以，建筑应做到功能与形式美、技术与艺术性的统一。

建筑建造在一定的地域中，由空间和实体两部分组成；而提供使用空间，营造良好环境则是建筑的主要目的。所以，建筑是一种空间环境艺术。

建筑受到使用功能和营造手段的约束，自由度远不如绘画、雕塑等造型艺术，它所表达的艺术情感只能是比较抽象的。但由于建筑能较全面地反映生产力发展水平、社会生活状况及人们的精神追求，所以，建筑又是一种包容量很大、综合性很强的艺术。

建筑形象是由众多因素形成的，包括空间、形体、线与面、光影变化、色彩与质感、其他艺术形式的融入等。它们是建筑艺术的语言。掌握好这些语言及其运用规律，是塑造

印度泰姬·玛哈尔陵

该建筑增强统一感的处理手法：

　　1. 有明显的伊斯兰教建筑特征，风格一致。

　　2. 墙面均为白色。

　　3. 顶部有大小不一的穹顶，互相呼应。门窗洞口形状基本相似。

　　4. 周围的小穹顶如众星捧月，突出中间的大穹顶，主次分明。四角的邦克塔的对角线交于中央穹顶，建立了一个视角框架。建筑形体基本对称。

　　5. 下部的平台增加了建筑的整体感。

　　6. 水池中的倒影使建筑与周围环境融为一体。

图 1-12　建筑形象中的统一

良好建筑形象的必要条件。

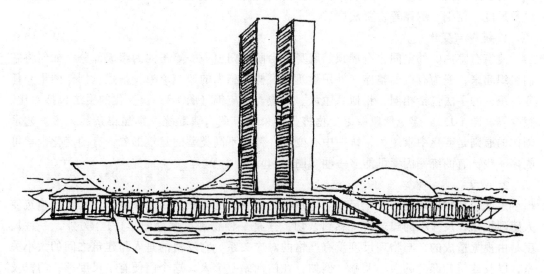

巴西巴西利亚国会大厦

该建筑对比与变化处理手法：

1. 塔楼与裙房形成强烈的方向对比。

2. 参议院、众议院为曲面体，与其他部分的平面体形成对比；而两个曲面体弯曲方向相反，使对比变得更生动。

3. 上大平台的坡道与平台形成方向上的对比，同时也加强了平台与地面的联系。

4. 两个塔楼之间加了过街楼，既与塔楼形成方向上的对比，也加强了两个塔楼之间的整体感。

5. 墙体与窗形成质感与色彩上的对比。

图 1-13　建筑形象中的变化

某幼儿园立面，在风格统一的基础上，变
化较多，以适应儿童活泼好动的特点。

某中学立面，统一的因素较多，
有利于形成宁静的校园气氛。

图 1-14　不同类型建筑形象中的统一与变化

建筑艺术创作需要良好的构思，此外，还必须遵守一定的法则。人们在长期的创作实践中逐步总结出一套形式美的规律，又称为构图原理。它包括统一与变化这个基本法则，以及尺度、比例、韵律等主要法则。

1. 统一与变化

建筑有室内、外空间，有屋顶、墙身、台阶、门窗……等不同的组成部分，如何将它们组织起来，变为有机的整体，并用建筑语言构成感人的建筑形象，是建筑创作的重要任务。统一的手法包括相同、相似、主从、对应、呼应等（图1-12）。变化的手法包括对比、突变等（图1-13）。建筑形象缺乏变化将显得呆板单调，缺乏统一则显得杂乱无章。艺术创作的原则是变化中求统一，统一中有变化。针对不同类型的建筑形象，有的变化因素可能多一些，有的统一因素可能多一些（图1-14）。

2. 尺度

尺度包括物理尺度和视觉尺度。建筑都具有一定的体量。一般来说，尺寸大的建筑使人感到雄伟，尺寸小的建筑使人感到亲切，这是一种物理尺度（图1-15）。另外，一种尺度是由视觉造成的，与物理尺度没有严格的对应关系，它反映的是人与建筑之间的大小关系，以及建筑各部分的大小关系。例如：在门前站一个人，这个门便有了尺度感；门窗及台阶等是我们常见的构配件，也会成为我们观察建筑的一种尺度（图1-16）。一般情况下，建筑处理应使它的各部分给人的印象与实际尺寸大致相符。如果任意夸大或缩小，便会使人失去尺度感（图1-17）。不过，为了加强雄伟或亲切的感觉，也可能采用夸张尺度或缩小尺度，以造成特殊的艺术效果（图1-18）。

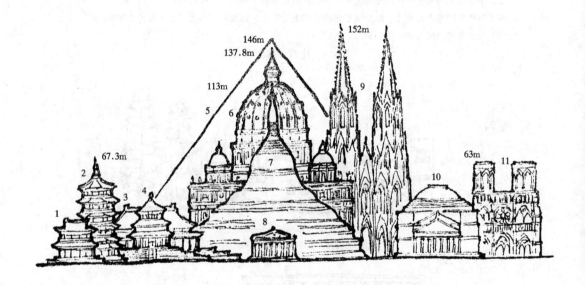

图1-15　建筑体量

1—独乐寺观音阁；2—应县木塔；3—太和殿；4—天坛祈年殿；5—库富金字塔；6—圣彼得大教堂；
7—仰光大金塔；8—帕特农神庙；9—科隆大教堂；10—罗马万神庙；11—巴黎圣母院

3. 比例

比例是指建筑的整体、建筑各部分之间以及各部分自身存在的各种大小、高低、宽

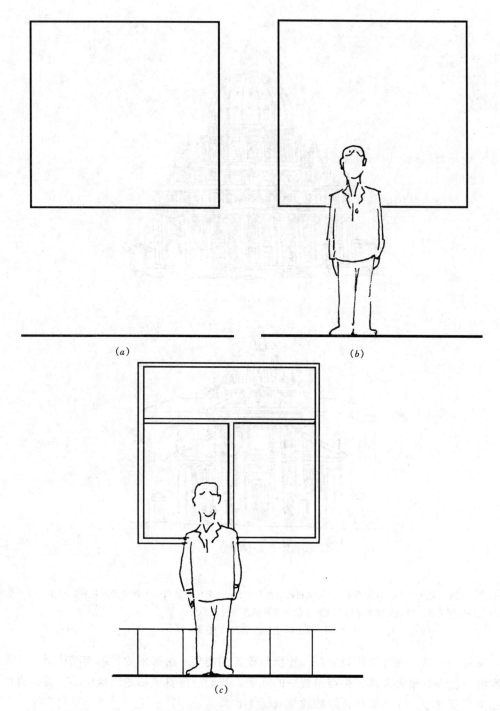

图 1-16　建筑的视觉尺度

（a）窗洞没有参照物，缺乏尺度感；（b）有了参照物，窗洞的尺度感产生了；

（c）某些常见的构配件。例如，窗的形状与窗扇划分方法，都有可能使建筑的尺度感增强

圣彼得大教堂

圣乔治奥·马觉利教堂

圣彼得大教堂高达137.8m，而圣乔治奥·马觉利教堂高不足50m，但由于圣彼得大教堂采取将柱、门窗、穹顶按比例放大的处理手法，因而从视觉上两个建筑不能真正显示其高度的悬殊。

图1-17　建筑尺度失真

窄、长短、厚薄、深浅等比较关系。比例与建筑的类型、所采用的材料与结构形式、人们的欣赏习惯都有很大关系，很难做统一的规定。我们应借鉴成功的建筑作品，并在自己的作品中反复推敲，才能取得良好的效果（图1-19）。

4. 韵律

韵律是建筑语言有规律的排列与变化。它在人的视觉上产生的效果，近似于音乐的节奏与旋律在人的听觉上产生的效果，可以提高建筑的艺术表现力（图1-20）。

印度昌迪加尔市政厅入口门廊
采用夸张尺度使建筑显得更雄壮

某室内设计,墙面装饰改变了
尺度感,使房间显得亲切宜人

图 1-18 夸张尺度与亲切尺度

　　上面谈到的建筑功能、建筑技术、建筑形象是相辅相成的,是一个辩证的统一体。建筑功能常常是建造的目的,建筑技术是建造的手段,而建筑形象则是功能、技术以及人们审美要求的综合体现。如何处理好三者的关系,是建筑设计的重要课题。我们应在创作实践中,不断提高处理问题的能力,解决可能出现的各种矛盾,作出最佳的选择。

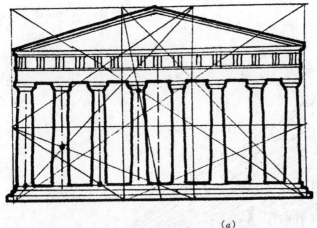

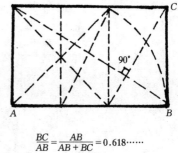

$$\frac{BC}{AB} = \frac{AB}{AB + BC} = 0.618\cdots\cdots$$

黄金分割比

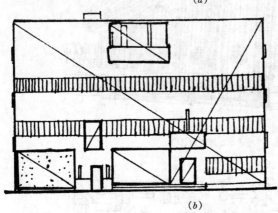

（b）

图 1-19　建筑的比例

（a）帕提农神庙立面用黄金分割比控制各部分主要轮廓，取得了良好比例（柱式比例详图 1-64）。

（b）现代建筑用控制线推敲立面比例的实例——加切斯别墅

二、建筑的本质

建造建筑是人类最重要的生产活动之一。建筑的室内空间和室外空间，是通过建筑实体来围合和限定的。建筑是为人服务的，应当为人创造良好的工作、生产、学习、生活环境。因此建筑设计应当以人为本。建筑规模大、投资多，使用周期长，对社会生活及周围环境都会产生很大影响，所以要考虑可持续发展的要求。建筑自身的基本构成要素是建筑功能、建筑技术、建筑形象。所有这些，都反映了建筑的本质特征。由此，我们可以给建筑下一个比较全面的定义：建筑是为了满足人们某种社会生活需要，运用建筑材料等物质手段，按照科学法则和审美规律，人为建造的空间环境。或者，我们可以把建筑的本质概括为如图 1-21 所示。

三、建筑物与构筑物

建筑包括建筑物和构筑物，狭义上主要指建筑物。建筑物有较完整的围护结构，造型要求也较高，如房屋建筑。构筑物围护结构不完整，造型要求相对较低，如道路、桥梁、水塔、水池等。构筑物中造型要求高的也可称建筑物，如纪念碑、某些桥梁（图 1-22）。建筑师主要设计建筑物，有时也兼顾到构筑物。

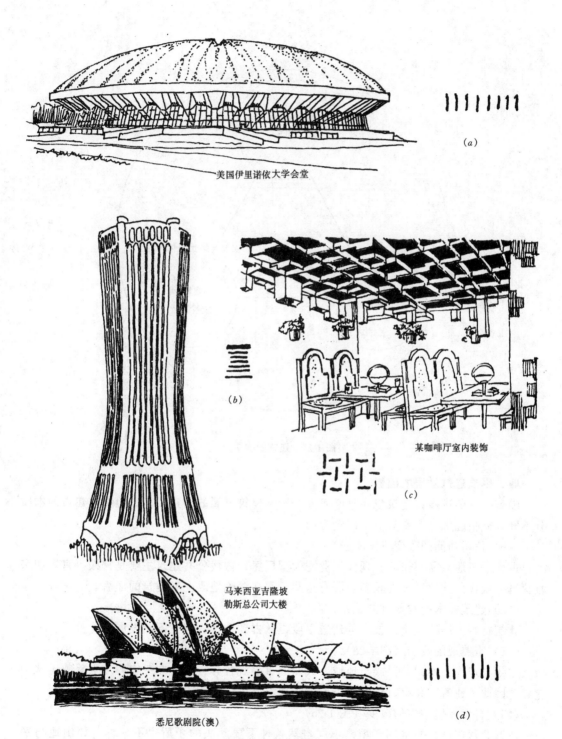

美国伊里诺依大学会堂

(a)

(b)

某咖啡厅室内装饰

(c)

马来西亚吉隆坡
勒斯总公司大楼

悉尼歌剧院(澳)

(d)

图 1-20　建筑的韵律

（a）某种构件简单重复所产生的韵律；

（b）渐变韵律；（c）交错韵律；（d）起伏的韵律

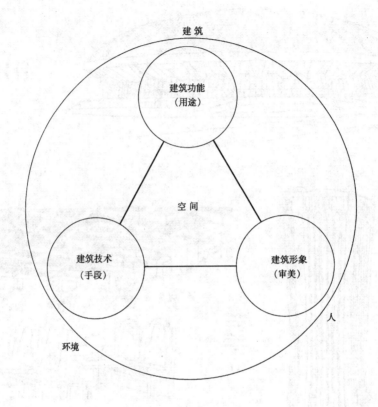

图 1-21　建筑的本质

四、影响建筑发展的因素

随着时代的进步，建筑也在不断发展。影响建筑发展的因素很多，但都与建筑的本质分不开。概括起来，主要有以下四个方面：

（一）使用功能的改变（图 1-23）

古代手工业只需小作坊，现代工业需大型厂房；古代公共建筑主要是宫殿、官署和宗教建筑，现代公共建筑种类较多。所有这些，都在深刻地改变着建筑的面貌。

（二）建筑技术的改变（图 1-24）

建筑材料、结构及施工技术等建造手段，从古到今，一直在不断发展变化。

（三）审美观的改变（图 1-25）

古代与现代，不同的民族与地域，人们的审美观各异，建筑在一定程度上反映了这种差异。因此，建筑应具有时代感、民族性和地方特色。

（四）自然环境条件的改变（图 1-26）

建筑要营造良好的空间环境，不同自然条件下要解决的矛盾也不一样，如山地与平原，严寒地区与炎热地区，因此建筑特色也必然各异。

烈士纪念塔(阿尔及利亚)

埃菲尔铁塔(法)

本图中几个实例虽然没有
完整的围护结构,但造型
独特,有较强的艺术表现
力,仍可称为建筑物。

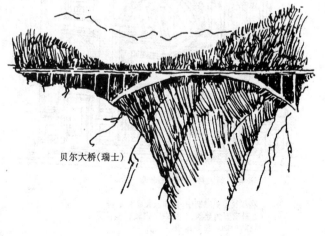

贝尔大桥(瑞士)

图 1-22　建筑物与构筑物

吉萨金字塔群

金字塔是埃及古王国时期最具代表性的建筑。
它是法老的陵墓。它以雄伟庄严的巨大形体,
显示出法老的无限权威。

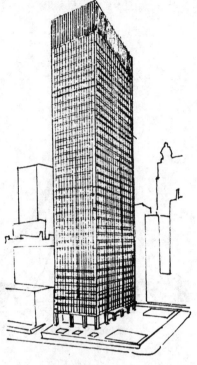

美国纽约西格拉姆大厦

现代,由于商品经济的发展,
金融、商业等大楼已代替宗教
建筑,成为城市中最主要的公
共建筑。

意大利圣·安德烈教堂

在很长历史时期中,神庙及教堂都是西
方最重要的建筑,它反映了宗教在政治
生活中的地位与作用。

图 1-23　使用功能改变对建筑的影响

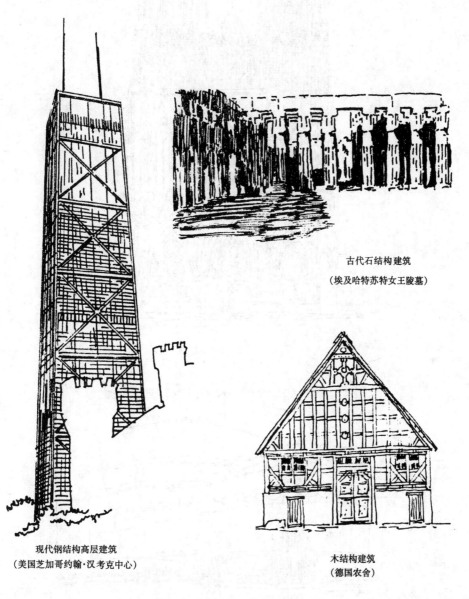

古代石结构建筑

（埃及哈特苏特女王陵墓）

现代钢结构高层建筑

（美国芝加哥约翰·汉考克中心）

木结构建筑

（德国农舍）

图 1-24　建筑技术改变对建筑的影响

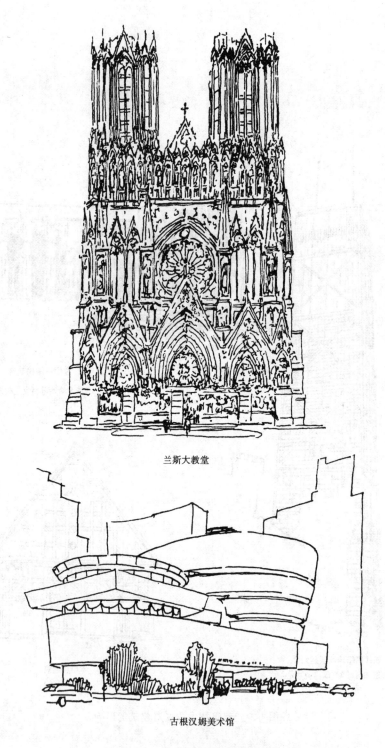

兰斯大教堂

古根汉姆美术馆

图 1-25　审美观对建筑的影响
古代建筑注重实体的设计，装饰丰富。
现代建筑注重空间的塑造，装饰十分简洁。

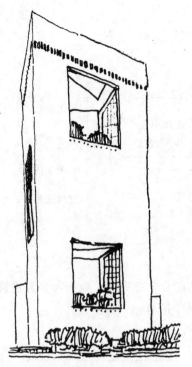

我国藏族碉房,利用地方材料,结合地
形建造。由于少雨,屋顶坡度较平缓。

沙特阿拉伯阿拉伯吉达国家商业银行,
外墙基本不开窗,内庭上下贯通,有利
通风,以适应炎热而干燥的气候。

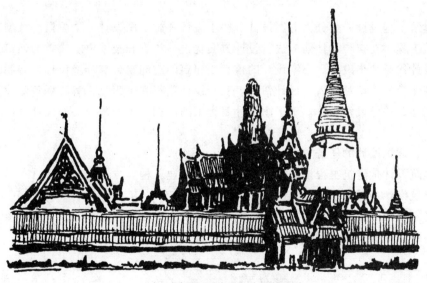

泰国寺庙,屋顶坡度很大,除宗教涵义外,
有利于排除雨水也是一个重要原因。

图 1-26　自然条件对建筑的影响

第二节　建筑设计与建筑装饰设计

建筑工程的建设要经过设计与施工两个过程：

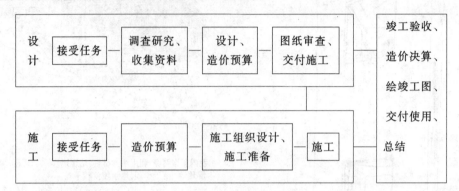

建筑工程设计需要很多不同专业工程设计人员的配合才能完成。他们可分为建筑、结构、设备三类；在工业建筑设计中，还需要工艺工程师参加：

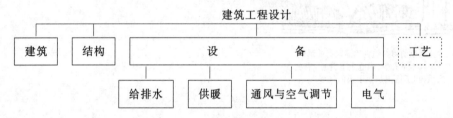

建筑工程设计一般分为方案设计、初步设计和施工图设计三个阶段。大型和重要的民用建筑工程，在初步设计前应进行设计方案优选；小型和技术要求简单的建筑工程，可以方案设计代替初步设计。方案设计的重点是建筑的空间组合与环境设计，必要时可画透视图、制作模型或动画并需作设计估算。初步设计要将方案深化，解决好各专业设计的主要技术问题，并作设计概算。施工图设计是施工的依据，也是最重要的设计文件，应详尽具体。

一、建筑设计的任务

建筑设计是建筑工程设计中起主导作用的专业工种。

建筑设计一般由建筑师完成。

建筑设计的任务主要有空间环境设计和建筑构造设计两部分。方案及初步设计阶段侧重于前者，施工图设计阶段侧重于后者，见表2-1。

表 2-1

项　　目	主要解决的问题	设　计　成　果
空间环境设计	地块安排与建筑定位； 建筑空间的塑造与组合； 创造良好环境条件的主要技术措施； 美观问题	总平面图；各层平面图；主要剖面图；主要立面图；透视图；建筑模型；动画；主要技术经济指标；设计意图说明
构造设计	空间环境设计的具体化； 建筑的构造组成及各构造具体做法	具有详细尺寸的总平面图、各层平面图、各向立面图、若干剖面图；各配件详图及节点构造详图；施工设计说明

本书侧重于空间环境设计。

二、建筑装饰设计的任务

建筑装饰设计的任务一般包括室内设计、建筑立面设计及环境艺术设计。

（一）室内设计

对建筑内各主要房间室内的墙面、楼地面、顶棚、家具、陈设、隔断、绿化、灯光及其他设施等做具体安排，并进行建筑装饰的构造设计。

（二）建筑立面设计

对建筑的立面，特别是主要立面及主入口进行美化处理，并进行建筑装饰的构造设计。

（三）环境艺术设计

对庭院及建筑所在地块的环境进行布局和美化，并进行详细的构造设计。

建筑装饰设计一般分两阶段完成。初步设计阶段侧重于建筑环境中各要素的布局与景观构成；施工图设计阶段侧重于建筑装饰构造设计。

三、建筑设计与建筑装饰设计的关系

规模小、装修要求不高的建筑，建筑设计与建筑装饰设计往往没有明确的分工，都由建筑师完成设计。规模大、装修要求高的建筑，在完成建筑设计后，还要由建筑师或装饰设计人员进一步完成建筑装饰设计。建筑在使用过程中，由于用途改变或其他原因，也可能再做建筑装饰设计。

建筑装饰设计是建筑设计的深化与进一步完善，必须在建筑设计的指导下完成。建筑装饰设计侧重于艺术处理，但也必须兼顾功能、技术等方面的要求，如实用、安全、满足人生理和心理的各种要求以及经济、技术合理性等。有时，建筑装饰设计也可能对建筑设计中考虑不周的问题进行修正。

第三节　中国古代建筑与装饰的基本知识

一、中国古代建筑发展简述

中国古建筑源远流长，可以追溯到六、七千年前的上古时期，由于农业和畜养业的出现，产生了原始村落与建筑。最典型的建筑形式是黄河流域的木骨泥墙式建筑和长江中下游地区的干阑式建筑。它们的建造技术虽然简陋，但已具有木构架的雏形（图1-27）。到了殷商时期（公元前16世纪～前11世纪），奴隶制度逐步确立。都城建设已有一定规模，宫殿虽然仍是茅茨土阶，但已建在大型夯土台上，有排列整齐的木柱。这个时期我国传统的木构架已初步形成。周代（公元前11世纪～前476年）是我国奴隶制度从鼎盛走向衰落的时期。这个时期院落式的建筑群体布置已逐步成熟；由于铁质工具的大量使用，以及砖、瓦等建筑材料的出现，建筑的施工质量、构造技术和外观都发生了很大变化（图1-28）。

战国至南北朝（公元前475年～公元581年）是我国封建社会前期。春秋战国时期，由于社会转型及商业、手工业的发展，出现了一个城市建设的高潮。秦朝（公元前221年～前206年）是我国第一个统一的中央集权的封建王朝。两汉时期（公元前206年～公元220年），国力更加强盛。这也是中国古建筑体系的第一个繁荣期。建筑规模进一步扩大，

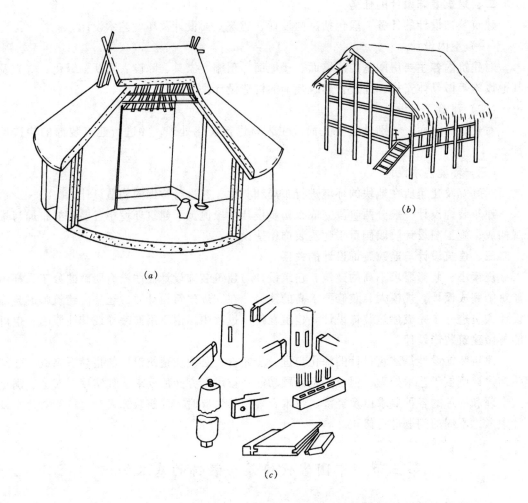

图 1-27　原始社会的建筑

（a）木骨泥墙式建筑（复原想象）；（b）干阑式建筑（复原想象）；

（c）干阑式建筑中出现的木榫卯

建筑类型更加丰富，除宫殿、陵墓、住宅外，还出现了宗教建筑和园林建筑。万里长城、始皇陵、阿房宫、汉长安的大型宫殿与陵墓等，都显示了辉煌的建筑成就。这个时期，廊院与楼阁风格已逐步成熟，斗拱与梁柱交接做法也日趋完善，我国古代建筑的许多主要特征都已形成（图1-29）。魏晋南北朝时期（公元220年～589年），社会动荡，战争频繁，佛教得到广泛传播，寺庙、塔、石窟等宗教建筑得到很大发展。另外，玄学思想的活跃，又刺激了山水风景式园林的发展。由于多民族文化的融合和琉璃等装饰材料的出现，加之人们的生活习惯已从席地而坐向垂足而坐转变，使建筑的空间尺度、室内设计和装饰手法等都产生了较大变化（图1-30）。

隋至两宋（公元581年～1279年）是我国封建社会的中期。隋朝（公元581年～618年）结束了长期战乱，统一了中国。唐代（公元618年～907年）一度处于我国封建社会的鼎盛时期，建筑发展也步入了第二个繁荣阶段。这时的城市规划严整，规模壮观（唐长

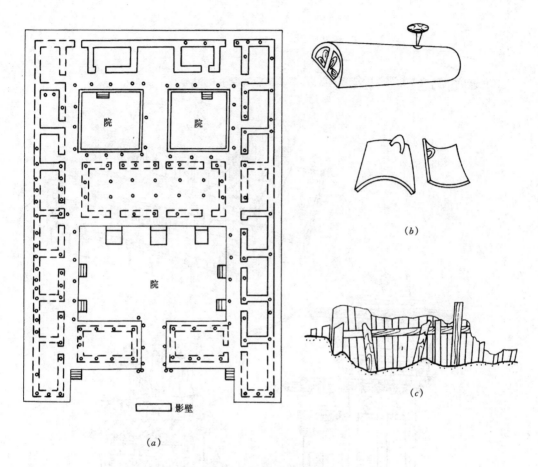

图 1-28 周代的建筑

（a）陕西歧山凤雏村西周建筑遗址平面；（b）周代的瓦、瓦当、瓦钉；
（c）湖北蕲春西周干阑建筑遗址中的木外墙

安是当时世界上最大的城市）。建筑技术也已十分成熟，并逐步规范化、定型化。建筑风格宏伟雄壮、端庄浑厚（图 1-31）。唐以后，经过五代十国的战乱（公元 907 年～979 年），北宋又归于一统。但不久契丹人和女真人在北方兴起，先后建立了辽（公元 916 年～1125 年）和金（公元 1115 年～1234 年），统治了我国北方，南宋则偏安一隅。两宋时期（公元 960 年～1279 年），城市突破了唐以前的里坊制，出现了瓦子和商业街，城市面貌变化巨大。建筑技术总结了隋唐以来的成就，制定了模数和工料定额制度。由李诚编写的《营造法式》是我国古代最完整的建筑技术著作。两宋建筑风格精巧秀美，装饰丰富，色彩艳丽。辽、金建筑则基本保持了唐代风格，朴实而端庄，至金后期才渐显华丽（图 1-32）。

元代（公元 1271 年～1368 年）由蒙古族统治，少数民族文化与汉文化互相交融，喇嘛教、伊斯兰教建筑得到发展。建筑技术则由繁复渐趋简省（图 1-33）。到了明清两代（公元 1368 年～1911 年），我国封建社会进入后期，建筑出现了第三次发展高潮，有许多

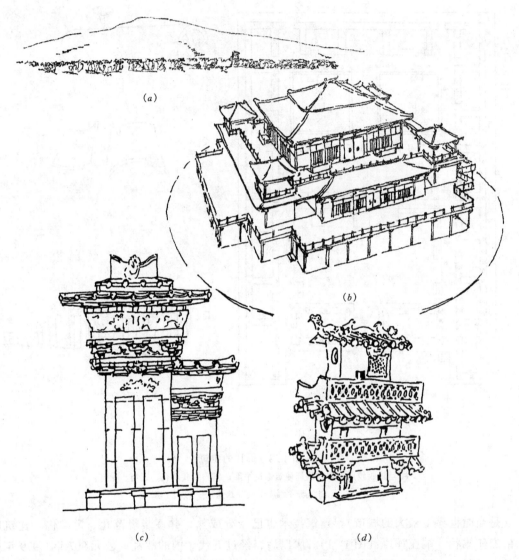

图 1-29　秦汉时期的建筑

（a）秦始皇陵遗迹；（b）汉礼制建筑复原；（c）高颐墓阙（汉）；

（d）明器中显示的汉代建筑

建筑保留至今，成为宝贵遗产。这个时期建筑的单体设计与结构关系有所简化，而群体空间处理更严谨成熟。宫殿建筑、园林建筑取得了极高的成就，民居建筑异彩纷呈。装修日趋复杂和程式化，古典家具制修工艺也进入了成熟期。（图 1-34）。

　　鸦片战争（1840 年）标志着我国封建社会的终止。伴随社会制度的变化、建筑材料与技术的改变，建筑风格面貌也大为改观。然而，古代建筑某些设计理念和高超的构成手法，仍然可以作为我们今天的设计借鉴。

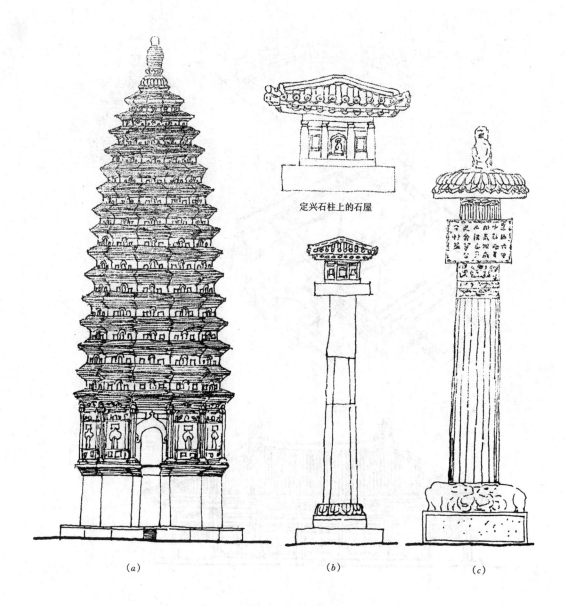

图 1-30　魏晋南北朝时期的建筑

（a）河南登封嵩岳寺塔（北魏）现存最早砖塔，平面 12 边形，密檐式，高 40m；

（b）河北定兴石柱（北齐）；（c）南京萧景墓墓表（梁）

二、中国古代建筑的基本特征

中国古建筑在漫长的历史中，一脉相连，稳健发展，很少突变，这既是封建社会进程缓慢的外在表现，也是中国古建筑体系完整、风格独特、文化底蕴丰厚的本质证明。她不但在我国各地普遍应用，还曾经对日本、朝鲜及东南亚许多国家产生过深远影响。可以说，它是当今世界上延续时间最长、传播范围最广的古建筑体系。

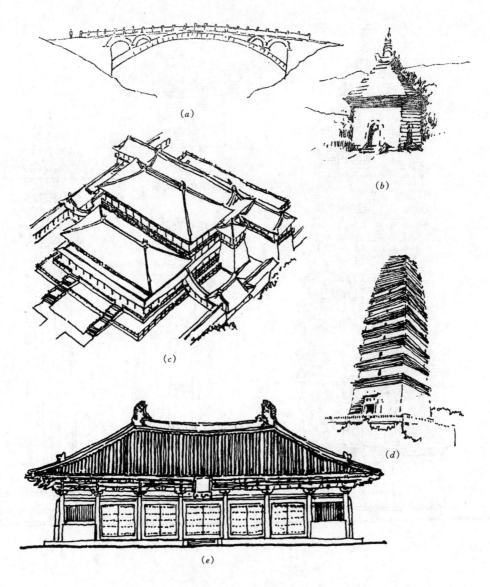

图 1-31　隋、唐时期的建筑

(a) 河北赵县安济桥（隋）；(b) 济南神通寺四门塔（隋）；

(c) 唐大明宫麟德殿复原（主体部分）；(d) 西安荐福寺小雁塔（唐）；

(e) 山西五台山佛光寺大殿（唐）我国现存最大的唐代木建筑

中国古建筑主要有以下特征：

（一）建筑材料与结构形式

中国古建筑以木材为主要建筑材料，采取构架式结构，最典型的是抬梁式和穿斗式（图 1-35）。前者在房屋进深大时采用；后者主要用于民间建筑或殿堂的山墙部分。采用这

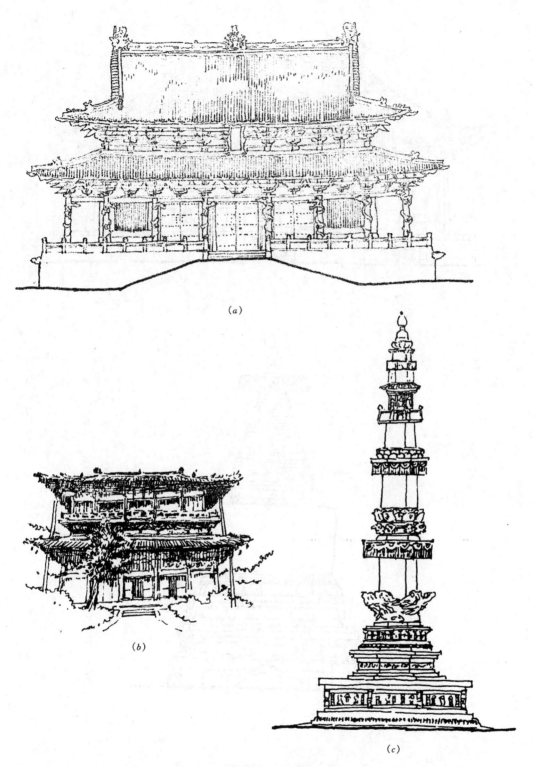

图 1-32　两宋及辽、金时期的建筑

（a）山西太原晋祠圣母殿（北宋）；（b）河北蓟县独乐寺观音阁（辽）；

（c）河北赵县陀罗尼经幢（北宋）

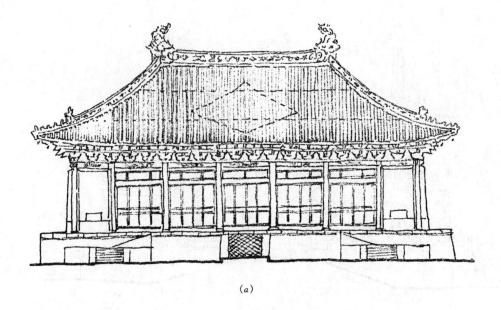

(a)

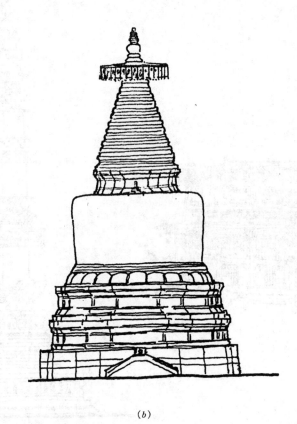

(b)

图 1-33 元代建筑
(a) 山西永济县永乐宫三清殿；(b) 北京妙应寺白塔

种结构，承重与围护结构分工明确，内部空间的划分可以自由灵活。由于采用构架，抗震能力比较强，这就是常说的墙倒屋不塌结构。除大木作（结构部分）外，小木作（装修部分）也大量用木材。这个时期砖、石等材料虽然有一定发展，但主要应用于桥梁、塔幢及陵墓，未形成建筑中的主流。

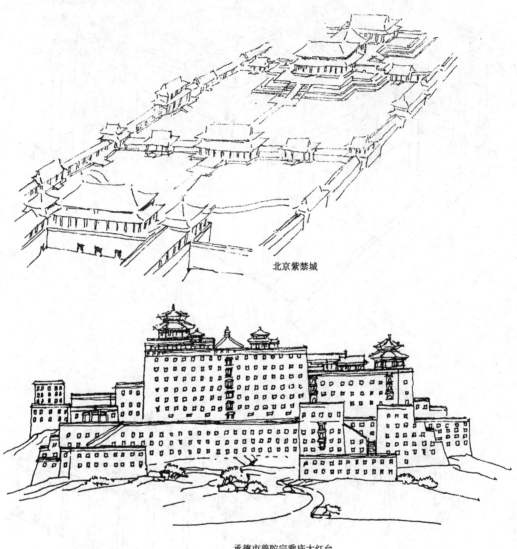

北京紫禁城

承德市普陀宗乘庙大红台

图 1-34　明清建筑

（二）平面布局与组群

中国古建筑单体平面多为矩形。四个立柱围成一个"间"，一栋房屋的平面由若干"间"组成，具有很简明的组织规律。建筑群体组合常以庭院为中心，四周布置房间或连廊，形成内向型空间。大型建筑群由若干院落组成。礼制要求高的建筑群，如宫殿、官署、庙宇和深宅大院，主要部分常按中轴对称布置，其余则较灵活。建筑空间系列丰富迷人，出神入化，取得了极高的成就（图 1-36）。

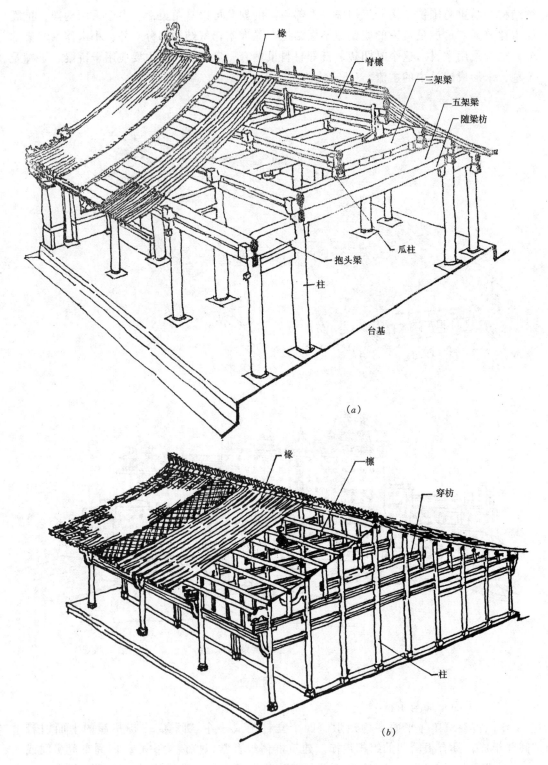

图 1-35　中国古建筑的结构形式

（a）抬梁式；（b）穿斗式

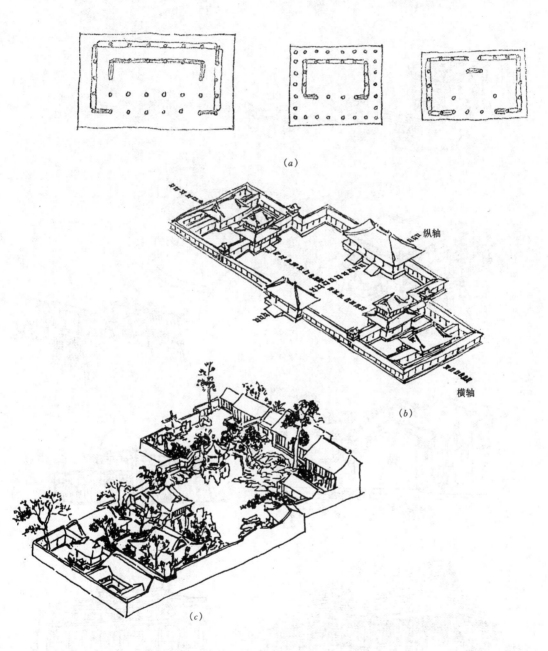

(a)

纵轴

横轴

(b)

(c)

图 1-36　中国古建筑的平面布局与组群

(a) 典型单体平面；(b) 对称式群体布局；(c) 灵活自由的群体布局

图 1-37　丰富多彩的中国古建筑造型

（三）建筑形象

中国是多民族国家，各地文化传统和自然条件差异较大，因而建筑造型也多姿多彩，这在民居和宗教建筑中表现尤为突出（图1-37）。但大多数的建筑，从外形上仍可分成屋顶、屋身和台基三部分，其中屋顶所占比例很大，也成为建筑造型的重要手段（图1-38）。

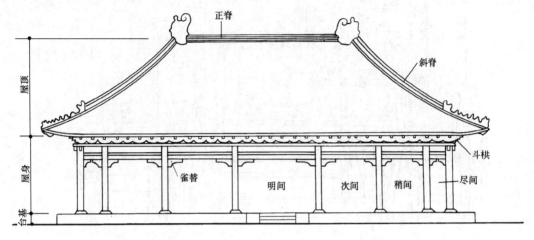

图1-38　中国古建筑的外形特征

（四）装修与色彩

中国古建筑善于利用构件形状及材质进行艺术加工，最典型的例子是斗栱。装修有明显的等级，并善于将书法、绘画、雕刻等融入建筑之中，丰富了建筑的文化内涵。在色彩处理上，官式建筑（宫殿、庙宇、官署等）色彩艳丽，民间建筑则较朴实（图1-39）。

三、中国古代建筑与装饰中常见的式样

（一）屋顶

中国古建筑屋顶形式很多，具有很强的艺术表现力。常见的屋顶形式有庑殿（又称四阿顶）、歇山（又称九脊顶）、硬山、悬山、卷棚、攒尖、十字脊等（图1-40）。屋顶形式的选用有等级要求，庑殿最高；歇山次之；其他形式则用于官式建筑中的次要部分以及民间建筑和园林建筑。当有两层或两层以上屋顶叠合在一起时，称重檐。重檐的级别高于单檐。

屋顶有很多曲线与曲面，如举架（又称举折）、檐角的起翘与出翘、推山与收山等，各朝做法不尽相同。它们既是木结构自身的需要，也增加了建筑的美观（图1-41）。此外，屋顶还有很多装饰，如瓦当、滴水、大吻（又称鸱尾）及脊饰等（图1-42）。

（二）斗栱

斗栱是中国古建筑最典型的建筑式样。它用在大型建筑上，是柱子和屋顶之间的一种构件，最初是为了解决屋檐挑出较大所产生的受力问题，以后逐渐演变为以装饰为主，并赋予其等级意义。用于位置不同，斗栱有柱头科、平身科和角科几种（图1-43）。一组斗栱称为一攒，或称一朵。一般斗栱由斗、栱、翘、昂、耍头、升等构件组成（图1-44）。简单

(a)

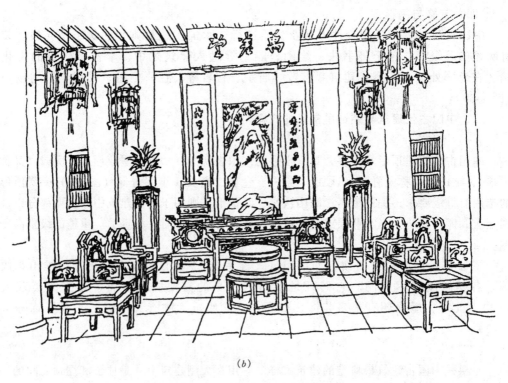

(b)

图 1-39　中国古建筑的装修

(a) 北京太和殿皇帝宝座；(b) 苏州网师园万卷堂

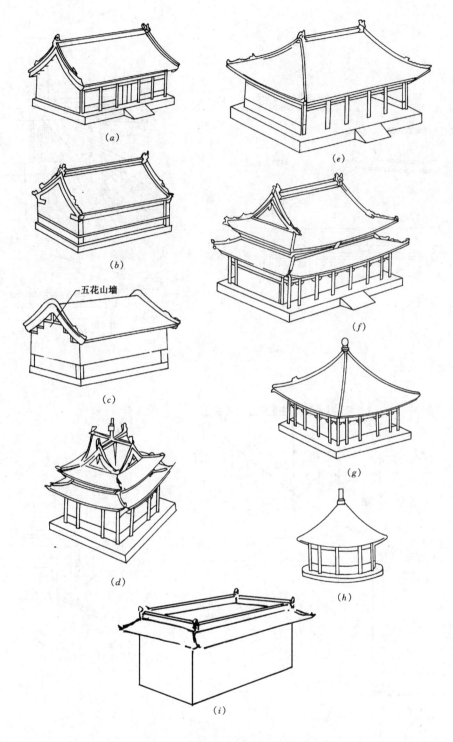

五花山墙

图 1-40　中国古建筑的屋顶形式

(a) 悬山；(b) 硬山；(c) 卷棚；(d) 十字脊；(e) 庑殿（单檐）；

(f) 歇山（重檐）；(g) 攒尖（方）；(h) 攒尖（圆）；(i) 盝顶

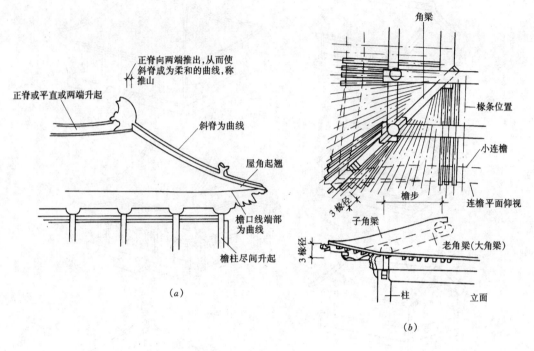

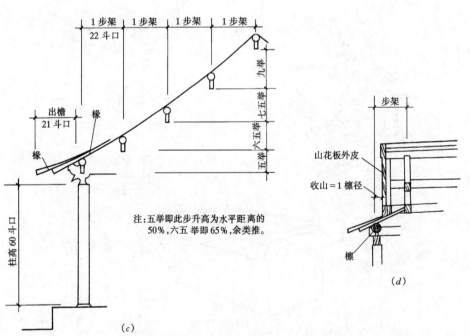

图 1-41 中国古建筑屋顶的曲线与曲面

（a）屋顶曲线、曲面示意；（b）清式建筑屋角构造；

（c）清代殿式建筑举架示意；（d）歇山顶收山示意（清代）

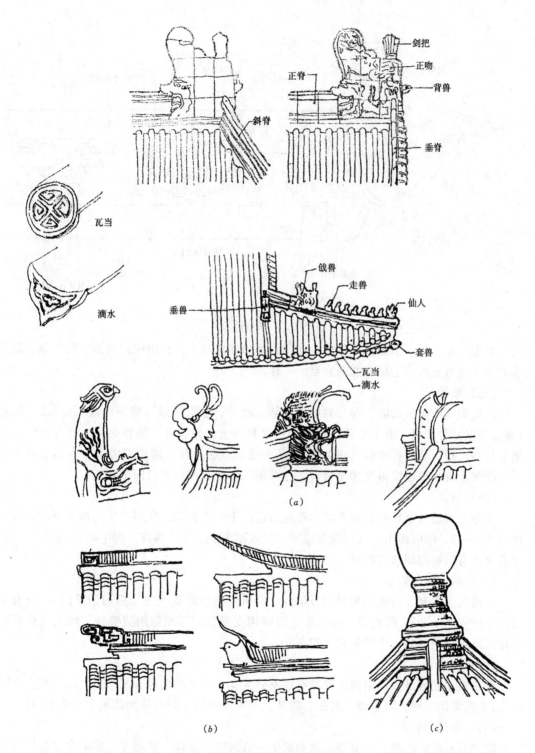

剑把
正吻
背兽
正脊
垂脊

斜脊

瓦当

滴水

戗兽
走兽
仙人
垂兽

套兽
瓦当
滴水

(a)

(b)

(c)

图 1-42　中国古建筑屋顶的装饰
(a) 殿式建筑中的脊饰；(b) 民间建筑屋脊；(c) 宝顶

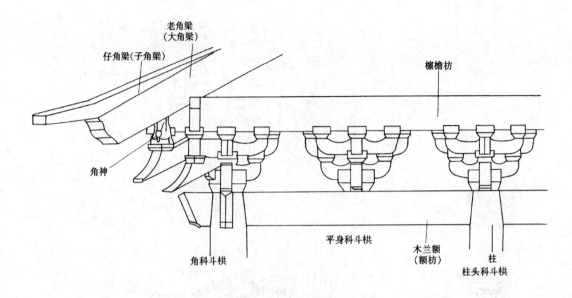

图 1-43　斗栱的位置

的斗栱为一斗三升。如果里外再加一层栱，挑出距离加大，称出踩，成为三踩斗栱。较复杂的斗栱还有五踩、七踩、九踩直至十一踩。

（三）墙壁

房屋两端的墙称山墙，前后的墙称檐墙。此外，还有槛墙（窗下的墙）、围墙、影壁（又称照壁）等。墙一般不承重，所采用的材料有土、砖、木、编竹夹泥、石等。硬山山墙有很多式样，装饰性很强（图1-45）。悬山建筑有时不将山墙砌到山尖，而是沿着山面屋架的梁下皮和柱中线做阶梯形转折，这种形式称为五花山墙（图1-46）。

（四）台基

台基有普通台基和须弥座两类。普通台基用于一般建筑，先用土筑，再用石材或砖包镶（图1-47）。须弥座用于较高级的建筑，层数越多表示等级越高（图1-48）。须弥座一般用石材，有时在四周加石栏杆。

（五）门、窗与隔断

门窗均为木制，由框与扇两部分组成。门窗扇有做成板式的（多用于外门），也有做成槅扇的（图1-49）。门窗多平开，住宅有时用支摘窗。隔断除用墙壁外，较大或较重要的建筑还可以用槅扇、罩等形式（图1-50）。

（六）天花

天花即顶棚或吊顶。中国古建筑有时不做天花，直接露出房椽及梁架，称"彻上露明造"。天花常用三种，即平棊、卷棚、藻井，其中藻井用于较高级的建筑中（图1-51）。

（七）雕刻与彩画

雕刻有石雕、木雕、砖雕等。雕刻的手法有圆雕、浮雕、线刻等。彩画主要施于重要建筑的梁枋，按照级别有和玺、旋子、苏式之分（图1-52）。此外，匾额、对联等在中国古建筑的装修中使用也较普遍。

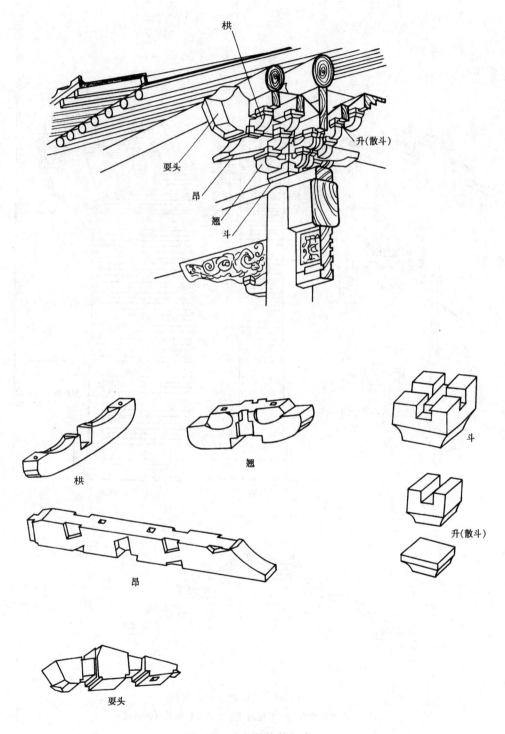

图 1-44　斗栱的构件组成

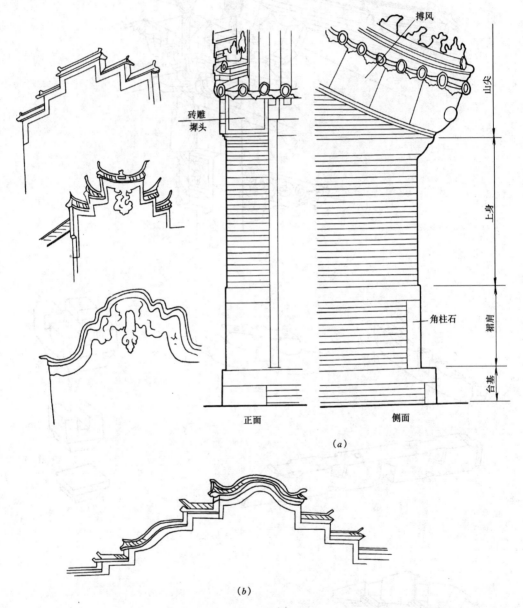

图 1-45　硬山建筑的山墙

（a）山墙及墀头；（b）民间建筑中的几种山墙（封火墙）

44

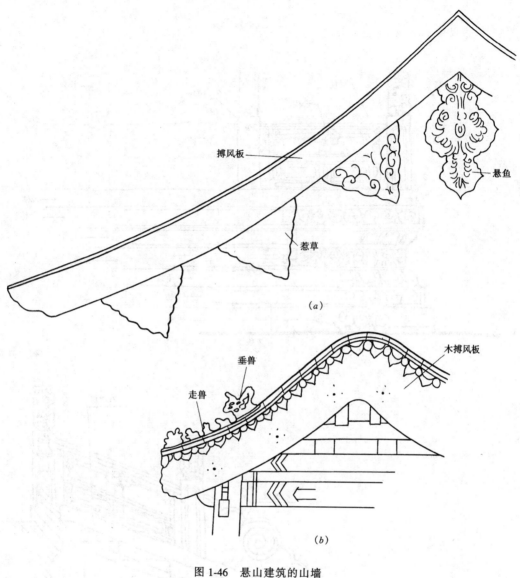

搏风板

悬鱼

惹草

(a)

垂兽

木搏风板

走兽

(b)

图 1-46 悬山建筑的山墙

(a) 悬山上的装饰；(b) 卷棚顶的悬山

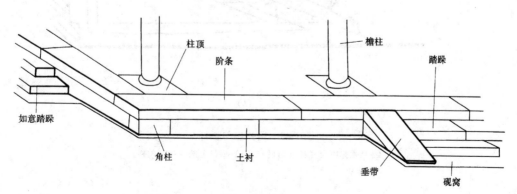

柱顶

檐柱

阶条

踏跺

如意踏跺

角柱

土衬

垂带

砚窝

图 1-47 普通台基

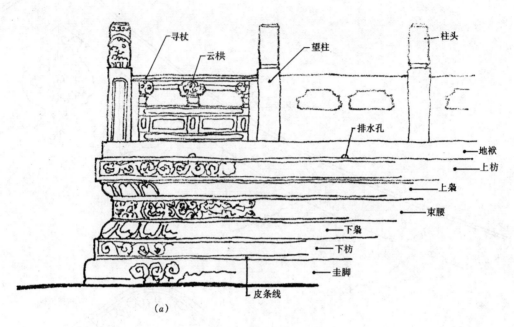

(a)

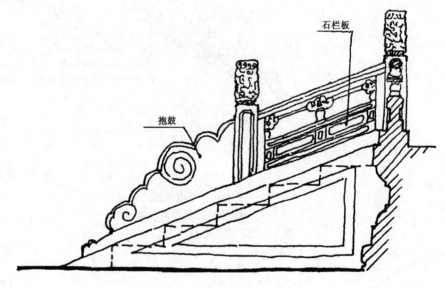

(b)

图 1-48　须弥座与栏杆

(a) 须弥座及栏杆（勾栏）；(b) 垂带上的栏杆（勾栏）

46

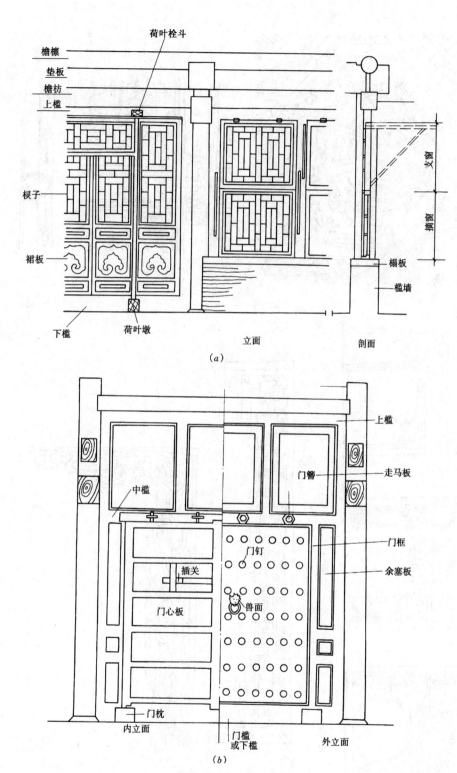

图 1-49　门、窗、槅扇

（a）槅扇门与支摘窗；（b）清式板门

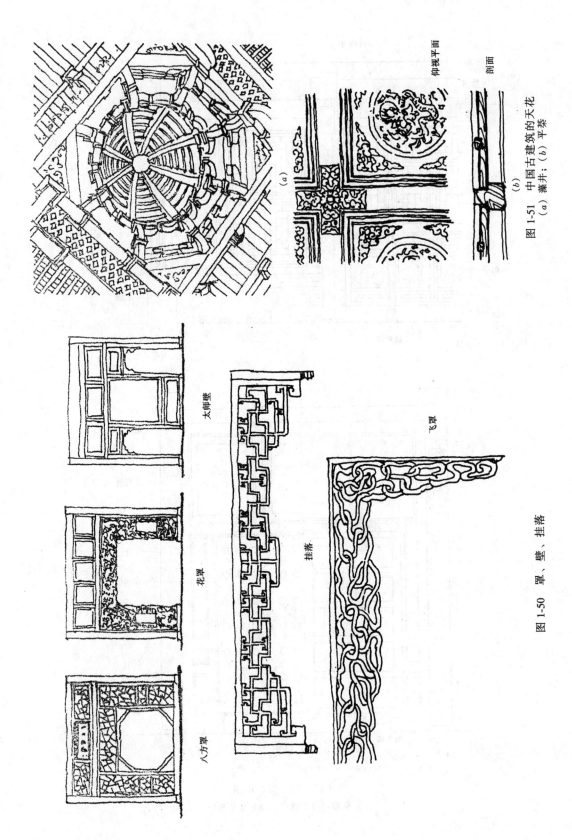

仰视平面

剖面

(a)

(b)

图 1-51 中国古建筑的天花
(a) 藻井; (b) 平棊

太师壁

花罩

八方罩

挂落

飞罩

图 1-50 罩、壁、挂落

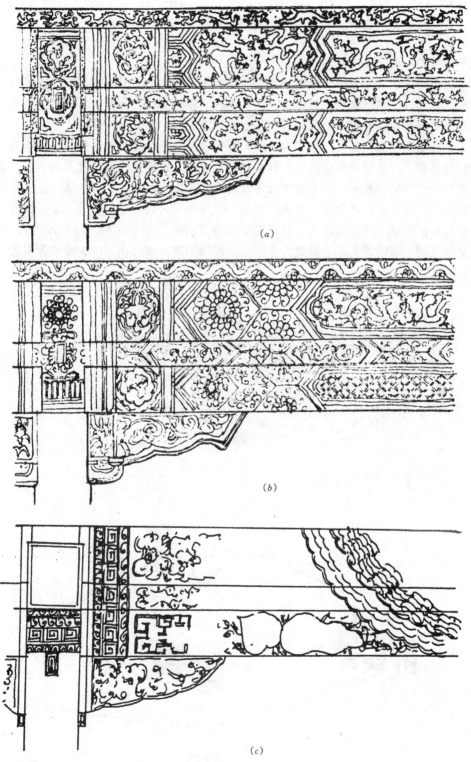

图 1-52 彩画

(a) 和玺；(b) 旋子；(c) 苏式

第四节　西方古代建筑与装饰的基本知识

一、西方古典建筑发展简述

大规模的建筑活动是伴随奴隶制社会的确立而开始的。古时除中国外还有其他一些国家和地区也形成了较完整的建筑体系，如古埃及、古西亚、古印度、古希腊、古罗马、古美洲，但对欧美建筑发展产生深远影响的主要为古希腊、古罗马建筑。

古希腊是欧洲文明的发祥地。古希腊人曾经创造了光辉灿烂的希腊文化。作为希腊文化的组成部分，古希腊建筑也取得了极高成就。希腊人在城中建设公共活动中心，修建神庙、剧场、竞技场，尤以公元前5世纪建设的雅典卫城最为壮观（图1-53）。建筑群布置依山就势，错落有致，既创造了宏伟的景观，又满足了公共活动的需要，使瞻仰者从任何角度观瞻都可顿生崇敬仰慕之情。卫城内建筑各具特色，相互映衬，随空间序列而展开，显得晶莹璀璨，和谐完美。卫城集古希腊建筑与雕刻之大成，代表了古希腊建筑艺术的最

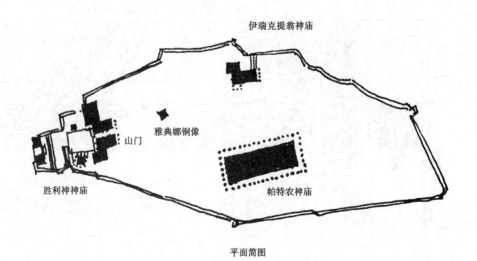

平面简图

图1-53　雅典卫城

图 1-54　古罗马建筑

（a）罗马万神庙；（b）罗马大角斗场；（c）凯旋门；（d）卡拉卡拉浴场内景

高成就。

公元前 6 世纪，罗马建立了共和国，经过不断向外扩张，到公元前 1 世纪，建立了地跨欧、亚、非的庞大帝国，并继古希腊之后，创造了空前规模的古罗马建筑文化。罗马人凭借战争掠夺来的巨额财富和廉价的奴隶劳动力，修建了宏大的广场，豪华的庙宇、宫殿，雄伟的凯旋门，以及浴室、剧场、斗兽场等大型公共建筑。他们继承了古希腊以石制梁柱为基本构件的建筑形式，并将其与罗马人发明的天然水泥和拱券穹顶技术结合起来，使建筑形象更为丰富华丽（图 1-54）。

公元 4 世纪，古罗马分裂为东罗马和西罗马，进入封建社会时期。东罗马发展了穹顶技术，并吸取了东方一些建筑成就，形成了自己独特的风格（图 1-55）。西罗马经过漫长的动乱，建筑发展缓慢，直至中世纪后期，才在教堂等建筑中产生了哥特式风格，将砖石结构的技术和艺术带入一个新的高峰。哥特式建筑采用了尖券、骨架券、飞券、扶壁以及高耸的钟塔和丰富的装饰，使建筑形象十分轻灵，打破了砖石结构的沉重感（图1-56）。

(a)   (b)

图 1-55　中世纪东欧的建筑
（a）圣索菲亚大教堂（君士坦丁堡）；（b）格拉尼查茨教堂（南斯拉夫）

公元 14 世纪，西欧资本主义在意大利萌芽，新兴资产阶级掀起了文艺复兴运动。这场伟大的思想文化运动也深刻地影响了建筑界。埋没了近千年的古典柱式重新受到重视，得到广泛应用。这个时期的建筑师大多又是多才多艺的艺术家和能工巧匠，他们的建筑作品对西方古典建筑的发展注入了新的活力（图 1-57）。到 17 世纪，意大利的一些建筑变得新奇复杂，以曲线和弧面为特点，追求动感，虽然不少趋于繁琐，但在打破常规方面确实有建树（图 1-58）。这种风格被称为"巴洛克"。与此同时，法国正流行以宫廷文化为背景的古典主义，自 1671 年成立法国皇家建筑学院后，更是推波助澜（图 1-59）。古典主义企图建立形式美的"永恒"法则，并将其绝对化，至其末流变为僵化的教条，造成形式与内容的脱离。直至 19 世纪，虽然资本主义生产关系已在欧美许多国家确立和发展，钢铁、玻璃、钢筋混凝土等新型建筑材料也

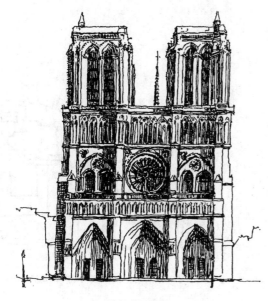

法国巴黎圣母院

英国索尔兹伯里大教堂内景

乌尔姆主教堂

图 1-56　哥特式建筑

坦比哀多(罗马)

文艺复兴时期改建后的圣马可广场(威尼斯)

1.圣马可教堂 ; 2.总督府；3.钟楼；

4.旧市政大厦；5.新市政大厦；6.图书馆

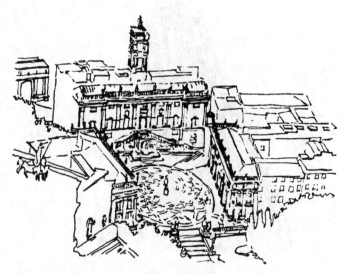

市政广场(罗马)

图 1-57　文艺复兴建筑

54

意大利罗马圣苏珊那教堂

意大利罗马圣卡罗教堂

图 1-58　巴洛克建筑

恩瓦立德教堂(法)

图 1-59　法国古典主义建筑

相继问世，但学院派的影响还延续了很长时间，在建筑创作中表现为复古思潮，包括古典复兴、浪漫主义、折衷主义（图1-60）。此外，在室内装饰上，法国还流行过"洛可可"风格。它以细腻纤巧，色彩艳丽，光影闪烁为特征，体现了贵族追求奢华的心理（图1-61）。

美国国会大厦(古典复兴)　　　　　　　　　　　大英博物馆(古典复兴)

英国议会大厦(浪漫主义)　　　　　　　　　　　法国巴黎歌剧院(折衷主义)

图1-60　欧美复古思潮建筑

二、西方古典柱式

（一）学习西方古典柱式的意义

西方古典建筑在古希腊、古罗马时期已基本成熟，到文艺复兴时又有新的发展。在这种主要以石结构为特征的建筑体系中，柱子及其相关构件在建筑造型中占有十分重要的地位（图1-62）。经过不断探索与实践，基座、柱子、屋檐等各部分之间的组合都有了一定的规则，比例匀称，装饰精美，具有鲜明个性，达到很完善的境地。这

56

主教宫室内装饰

图 1-61　洛可可建筑

就是西方古典柱式。当然，现代建筑无论从使用的材料或是建筑的内涵都发生了极大变化，柱式不可能照搬。但是，学习柱式可以提高我们的艺术修养，为进一步学习西方古典建筑奠定基础。

（二）五种基本柱式

古希腊人创造了多立克、爱奥尼、科林斯等三种柱式。古罗马人继承了这三种柱式，并做了进一步加工。此外，他们还创造了塔司干柱式，以及将爱奥尼、科林斯结合起来的混合柱式。文艺复兴时期，维尼奥拉、阿尔伯蒂等人以罗马的五种柱式为基础，制定出严格的比例数据，成为柱式规范，对后来的建筑界影响很大。图 1-63 是维尼奥拉所做的五种柱式对照和它们的比例关系。

1. 多立克柱式（图 1-64）

希腊多立克柱通常没有柱础，柱子高约为柱下径的 4～6 倍，柱身有 20 个尖齿凹槽，柱子收分较大，柱头、檐部均较简洁。罗马多立克柱增加了柱础，柱子高约为柱

57

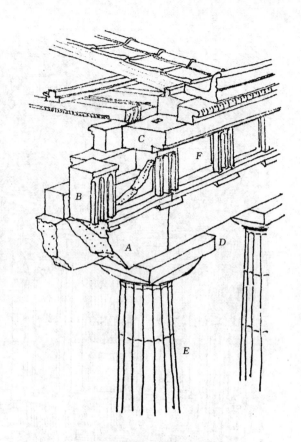

图 1-62　古希腊的石制梁、柱结构

A. 额枋
   （由双层石组成）
B. 三陇板
C. 檐口
D. 柱头顶板
E. 柱
F. 陇间壁

下径 8 倍，装饰也做了少量修改。多立克柱简单朴素，粗壮雄伟，是男性性格的象征。

2. 爱奥尼柱式（图 1-65）

希腊爱奥尼柱有柱础，柱子高约为 9～10 倍柱下径，柱身有 24 个平齿凹槽。柱子从 1/3 柱高度向上收分，但收分较小。柱头有涡卷，额枋较低，檐口细巧丰富。罗马爱奥尼柱高为 9 倍柱下径，除柱础有高低两种外，其余与希腊爱奥尼基本相同。爱奥尼柱优美典雅，娇柔秀丽，是女性性格的象征。

3. 科林斯柱式（图 1-66）

科林斯柱有柱础（希腊为低柱础，罗马有高低两种柱础），柱子高约为 10 倍柱下径，柱身有 24 个平齿凹槽，柱子收分与爱奥尼柱相似。柱头饰毛茛叶，犹如花篮。檐部与爱奥尼柱雷同。科林斯柱细部丰富，装饰华丽，比例轻巧，是贵妇人的象征。

4. 塔司干柱式（图 1-67）

塔司干柱有柱础（高低两种），柱子高约为 7 倍柱下径。柱身无齿槽。柱子从 1/3 高度处往上收分。柱头和檐部都很简洁。塔司干柱式是比例最粗壮稳重，处理最简单明快的一种柱式。

5. 混合柱式（图 1-68）

混合柱式有柱础（高低两种）。柱子高约为 10 倍柱下径。柱头是爱奥尼与科林斯的结合，其余处理与科林斯柱近似。

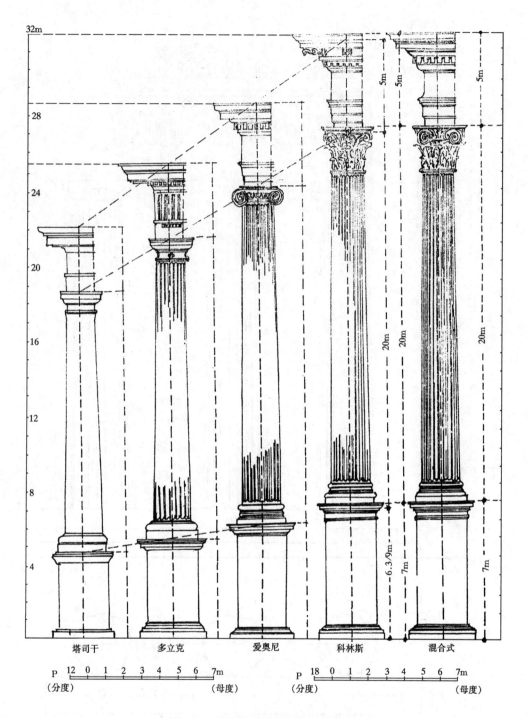

图 1-63　五种柱式对照及其比例关系

（注：图中字母"m"为母度，相当于柱子下端的半径。字母"P"为分度。多立克与塔司干柱式中，1母度＝12 分度；爱奥尼、科林斯、混合柱柱式中，1母度＝18分度）。

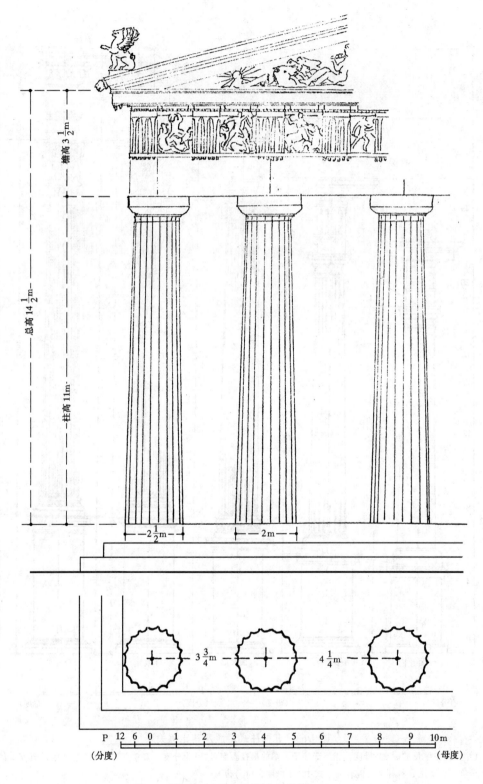

图 1-64 多立克柱式（希腊）

图 1-65　爱奥尼柱式（希腊）

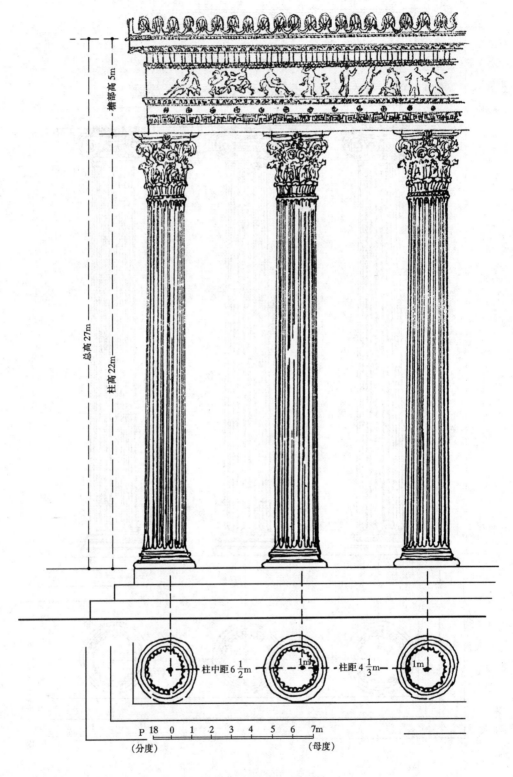

图 1-66 科林斯柱式 (希腊)

62

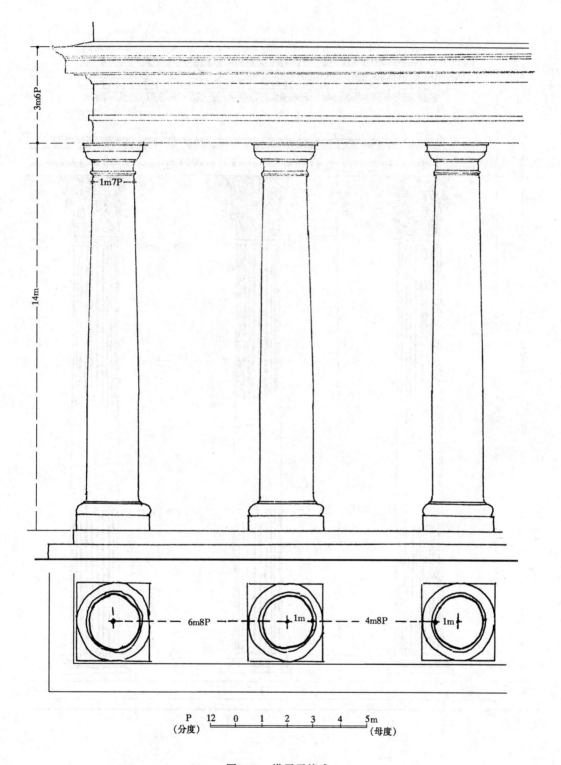

图 1-67 塔司干柱式

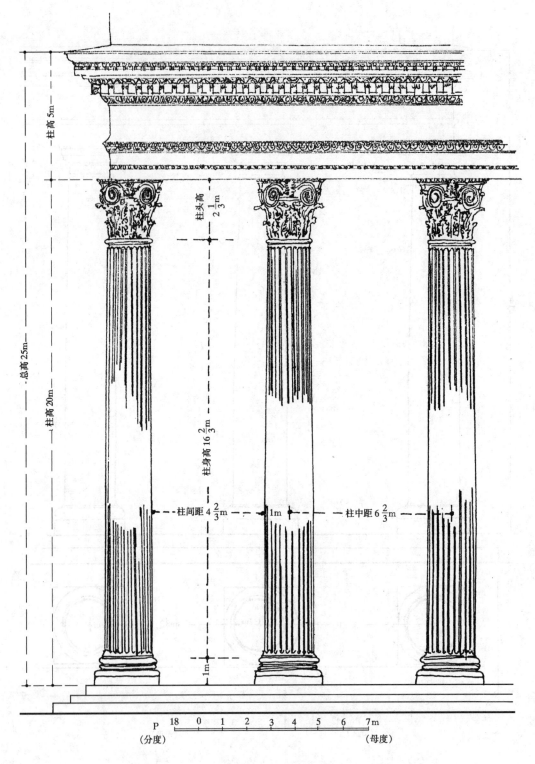

图 1-68　混合柱式

64

（三）山花与雕刻

古希腊、古罗马建筑常以山墙作正立面，山花便成为建筑造型的重要手段。巴洛克时期，弧山花和破山花出现较多（图 1-69）。

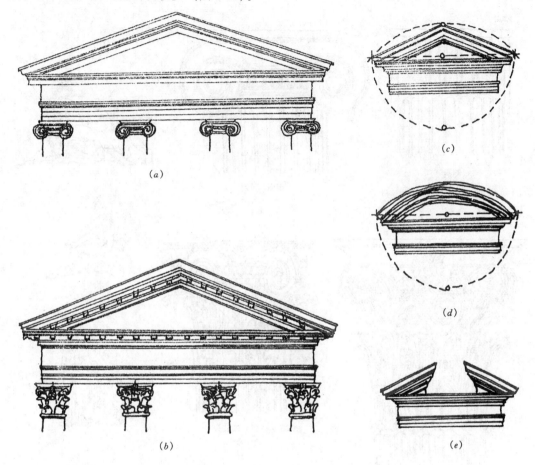

图 1-69　山花
(a) 希腊爱奥尼；(b) 罗马科林斯；(c) 维尼奥拉对山花比例
的分析；(d) 弧山花；(e) 破山花

古希腊的建筑师往往就是雕刻家，他们将建筑艺术与雕刻艺术结合起来，达到水乳交融的境地。古罗马及以后的西方古典建筑继承了这种传统，使雕刻成为建筑中不可分割的部分。雕刻分圆雕和浮雕两种，内容包括植物纹样、几何纹样、人物故事、动物、器物用具等。当采用文字时，一般用阴刻（图 1-70）。

（四）线脚

线脚常用在建筑构件的结束处或两构件的衔接部位，经过千锤百炼，线脚组合在西方古建筑中已臻完善，既符合受力特点，又富于艺术表现力。线脚分直线与曲线两种，各有不同名称。疏密繁简，面光背光，显示出不同的性格特征（图 1-71）。

（五）柱式组合

柱式的组合形式很多，它极大地丰富了西方古建筑的造型。最常见的柱式组合有列柱

侧面

正面

爱奥尼柱头

科林斯柱头

混合式柱头

图 1-70　西方古典建筑雕刻

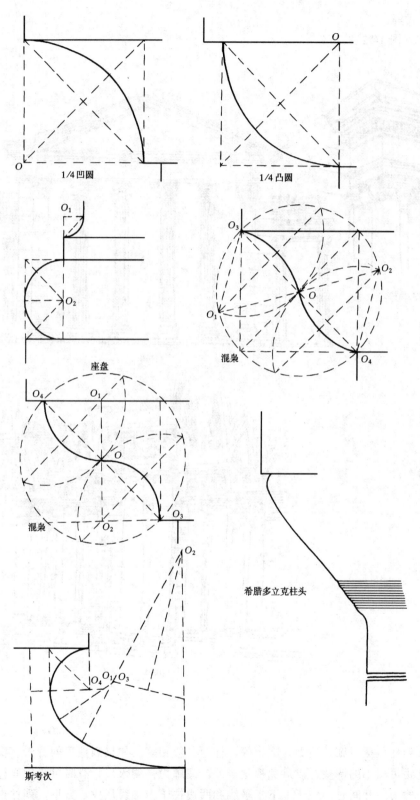

1/4 凹圆

1/4 凸圆

座盘

混枭

混枭

斯考次

希腊多立克柱头

图 1-71 西方古典建筑中的线脚

式、券柱式等。

1. 列柱式（图 1-72）

柱与倚柱

柱廊

柱与拱券

图 1-72 列柱式

廊式列柱包括门廊、连廊、围廊等。柱距一般相等。如果列柱后的背景有实墙和天空之别，柱距可做小的调整，以避免视觉误差。门廊为强调入口，有时可将中间柱距稍稍加大。当门廊为三开间时，柱子上下水平线和两边柱子中轴线形成正方形。列柱贯穿两层或两层以上，称巨柱式，这在古典主义建筑中常常见到。有时，还可将两根柱子编为一组，再连续排列。如果柱子是贴在墙面上的，则称为倚柱。按凸出墙面的多少与形状，倚柱分半圆柱、3/4 圆柱、扁方柱等。有独立柱的门廊，其后墙面常有倚柱，宽度等于柱径，凸出墙面约 1/5～1/6 柱径。列柱形成优美的韵律，产生虚实、凹凸、光影变化，提高了建筑的艺术表现力。

2. 券柱式（图 1-73）

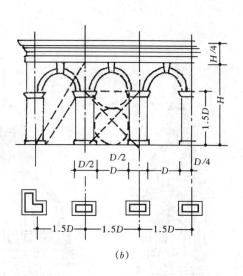

图 1-73 券柱式
（a）券柱式；（b）连续券；（c）帕拉第奥母题

罗马人发明了券拱技术。当若干带券洞口连续排列时，就称为连续券。后来，罗马人又将拱券与倚柱结合起来，创造了券柱式。券柱式可做成单层，也可做成多层。当其为多层时，底层常用塔司干或多立克柱式，以上各层则用爱奥尼、科林斯或混合柱式。文艺复兴时期，帕拉第奥在洞口之间增加了 4 个小柱子，使券柱式变得更轻盈，并有利于解决建筑转角处柱距与券拱高度之间的矛盾。这种处理手法被称为"帕拉第奥母题"。

三、西方古典建筑中常见的其他装饰式样

西方古典建筑装饰手法很多，各个国家，各个历史时期也不尽相同。这里只辑录了其中的一部分（图 1-74 ~ 图 1-76）。

图 1-74 西方古典建筑装饰式样（一）

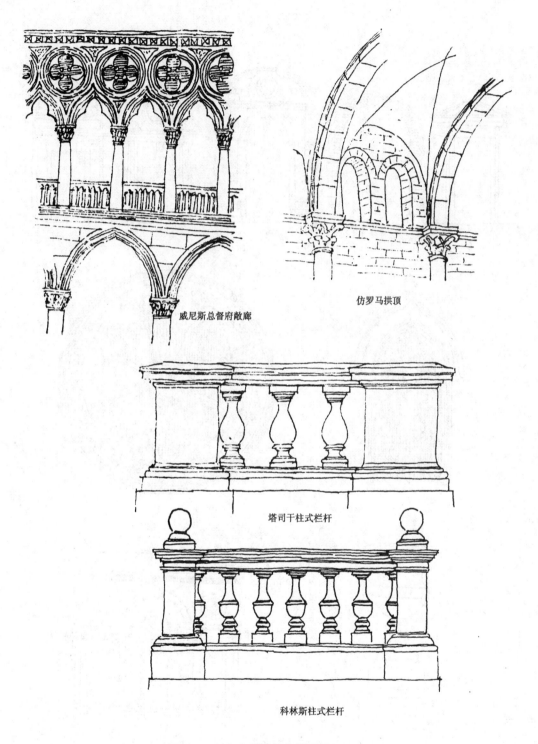

威尼斯总督府敞廊

仿罗马拱顶

塔司干柱式栏杆

科林斯柱式栏杆

图 1-75　西方古典建筑装饰式样（二）

图 1-76　西方古典建筑装饰式样（三）

第五节 近现代建筑简介

一、近现代建筑发展简述

19世纪80年代至20世纪初，欧美一些资本主义国家经历了资本积累、自由竞争，先

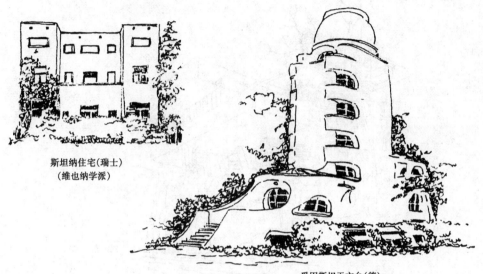

斯坦纳住宅(瑞士)
(维也纳学派)

爱因斯坦天文台(德)
(表现主义作品)

塔塞尔旅馆楼梯间装饰(比利时)
(新艺术派)

图 1-77 探索新建筑运动中的部分建筑

后进入了资本垄断阶段。这个时期经济迅猛发展，技术飞速进步，城市化进程大大加快，工业厂房和大型公共建筑的大量涌现，以及钢铁、玻璃、混凝土等建筑材料的大量生产与运用，与古典建筑形式之间的矛盾日益突出。这时欧美出现了探索新建筑的运动，影响较大的有工艺美术运动、新艺术运动、维也纳学派与分离派、德意志制造联盟、美国芝加

流水别墅，赖特设计

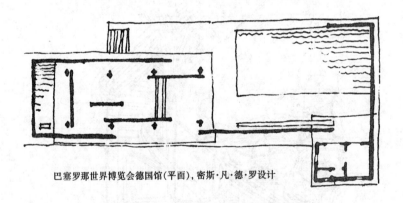

巴塞罗那世界博览会德国馆(平面)，密斯·凡·德·罗设计

萨伏耶别墅，勒·柯布西耶设计

图1-78　现代主义建筑

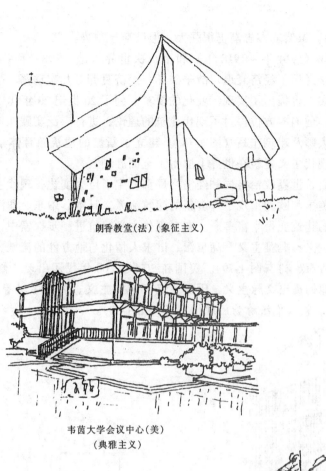

朗香教堂(法)(象征主义)

韦茵大学会议中心(美)

(典雅主义)

巴黎蓬皮杜国家文化中心(法),(高技派)

图 1-79 进一步探索中的现代建筑

哥学派等（图 1-77）。虽然复古思潮仍很强大，但已渐显颓势。

第一次世界大战（1914 年～1918 年）和第二次世界大战（1939 年～1945 年）期间，各主要资本主义国家经历了经济衰退、战争破坏、经济复苏等几次动荡。战争造成的房荒刺激了建筑业的发展，也提出了实现工业化的要求。到了 20 世纪 20 年代以后，主张革新的建筑师愈来愈多。他们多方位探讨了现代建筑的理论，进行广泛实践，产生了一批有世界影响的现代建筑大师及建筑作品（图 1-78）。建立了新型的建筑教育体系和国际性的现代建筑师组织，使现代主义建筑在世界上取得了全面胜利。

第二次世界以后，世界政治格局和经济格局都发生了巨大变化，现代主义建筑也朝着多元化方向发展。美国和欧洲出现了许多新的建筑流派，日本、中东、非洲的建筑也有突出成就，世界各地的建筑变得丰富多彩。在对现代主义建筑进一步探索中，理性主义、技术精美主义、粗野主义、典雅主义、高技派、讲求人情化与地方性的流派、讲求个性与象征性的流派等，都各有建树（图 1-79）。美国在 20 世纪 60 年代还出现了修正与背离现代主义建筑的流派，他们提出文脉主义、历史主义、装饰主义、隐喻主义等观点，到 20 世纪 80 年代渐成气候，被人们统称为后现代主义（图 1-80）。

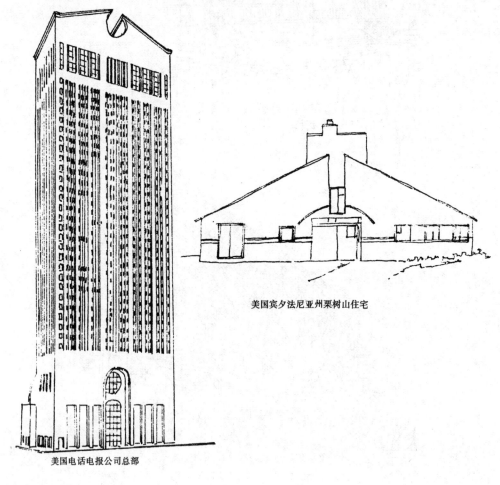

美国宾夕法尼亚州栗树山住宅

美国电话电报公司总部

图 1-80　后现代主义建筑

76

二、现代主义建筑的基本特征

（一）以使用功能作为建筑设计的出发点

古典建筑发展到后期，很多建筑师往往从形式出发进行建筑设计，造成使用功能不合理。现代主义建筑师则认为，"形式追随功能"，应按使用要求来进行建筑设计（图1-81）。

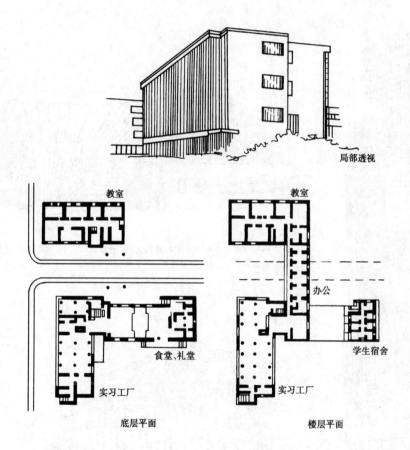

局部透视

教室

教室

办公

食堂、礼堂

学生宿舍

实习工厂

实习工厂

底层平面

楼层平面

格罗皮乌斯设计的包豪斯新校舍。按不同使用特点将建筑分成几个功能区，通过合理联系，使其成为有机整体。

教室：朝向良好。与实习工厂分开，避免干扰。以山墙面对道路，减少噪声干扰。

实习工厂：采用框架结构，大玻璃窗，光线充足。大空间，便于工艺操作。

学生宿舍：环境安静，朝向良好。每间均有阳台，便于起居。采用砖混结构。

食堂、办公：将教室、实习工厂、学生宿舍联系起来，使用合理，管理方便。

图 1-81　从功能出发进行设计

（二）注意发挥新型建筑材料以及现代结构的特点

西方古典建筑是以砖石结构为特征形成的体系。现代建筑以钢、玻璃、混凝土等为主要建筑材料，并采用框架等新的结构形式，墙面开窗和室内空间划分都比较自由，使建设高层及大跨建筑成为可能（图1-82）。

（三）强调形式与内容（功能、材料、结构、工艺等）的一致性

现代建筑突破旧有的构图模式，灵活地处理建筑的造型（图1-83）。

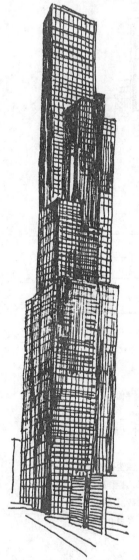

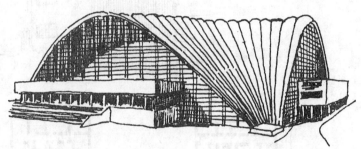

巴黎国家工业与技术中心陈列大厅,平面呈三角形,每边边长 205m,高 48m,屋顶由三束锥状双曲筒壳组成。

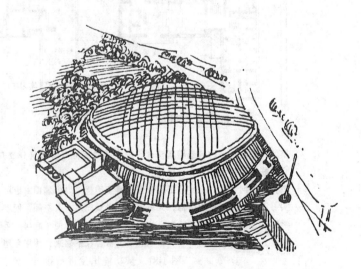

美国芝加哥西尔斯大厦,高 443m,采用钢束筒结构。

东京圆顶运动场,采用充气结构,平面呈椭圆形。

图 1-82　发挥新型材料及结构的特点

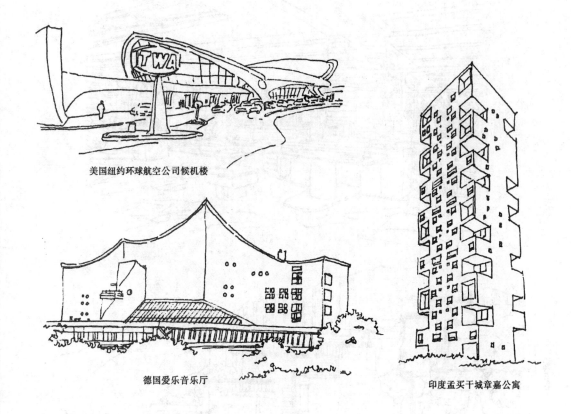

美国纽约环球航空公司候机楼

德国爱乐音乐厅

印度孟买城章嘉公寓

图 1-83　灵活的现代建筑造型

（四）将建筑空间作为设计重点

古典建筑式样盛行时，建筑师往往把建筑当成如同雕塑的实体。而现代建筑师则认为，屋顶、墙、柱等实体只是建筑的外壳，其目的在于围合与组织空间，形成各种房间，以满足使用要求。现代主义建筑师在建筑空间方面进行了很多研究与实践，使建筑空间理论愈来愈完善（图 1-84）。

（五）简化建筑装饰

柱式及其他装饰曾经在西方古典建筑中起着重要作用。现代建筑要求采用新材料，提高工业化水平，传统装饰往往成为累赘。现代主义建筑师主张建筑美的基础在于建筑处理的合理性与逻辑性，对装饰应进行"净化"。不过，当这种净化走向极端，也会使人反感，所以近年来装饰又引起人们的广泛关注。当然，这种装饰是在新形势下出现的，绝不是传统式样的全面复活（图 1-85）。

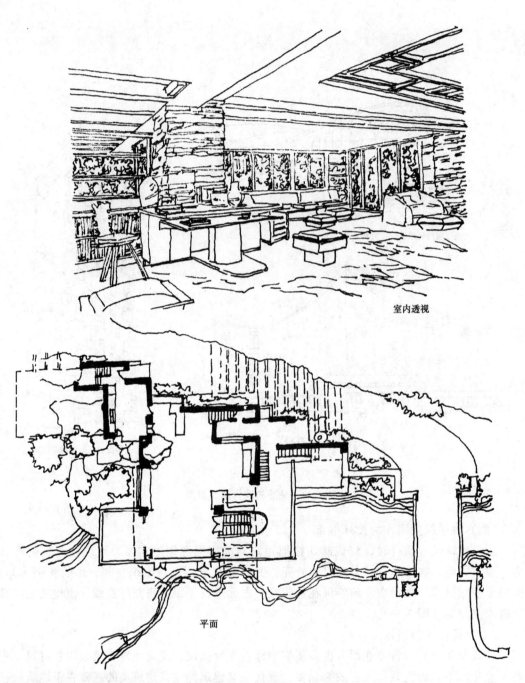

室内透视

平面

以赖特设计的流水别墅为例，可以看出现代建筑空间灵活自由。空间成为现代建筑设计的重心，实体是空间的外壳，是划分空间的手段。

图 1-84　建筑的空间

80

意大利罗马小体育馆，Y形斜撑既是结构构件，也成为装饰的重要手段。

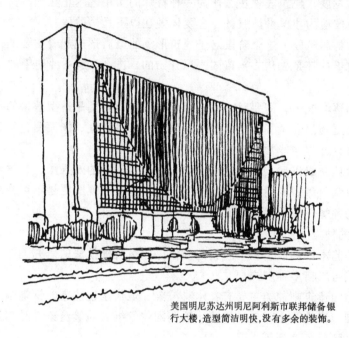

美国明尼苏达州明尼阿利斯市联邦储备银
行大楼，造型简洁明快，没有多余的装饰。

日本群马县购物中心，将古典建筑形体符号化，融入现代建筑之中。

图 1-85　现代建筑与装饰

第二章 表现技法初步

第一节 表现技法概述

随着建筑业的迅猛发展，建筑表现技法作为一种特殊的实用艺术正在异军突起。建筑表现效果图，最终将忠实地为建筑设计服务，主要体现在以下几个阶段：

首先是建筑设计的构思阶段。这个阶段对于建筑形象的最后形成起着重要的作用。许多建筑大师的优秀建筑设计都是先从方案草图构思开始的，图 2-1 是一种徒手的建筑表现草图。

随着建筑师构思的逐渐成熟，需要对方案进行反复推敲，特别是造型效果的推敲。一般都会在同一方案基础上画出几个甚至更多的造型效果图和平、立、剖面图，然后，进行分析比较。这是建筑设计过程中非常关键的阶段（图 2-2）。

再者，就是建筑设计完成以后，需要绘制多幅较准确、逼真的效果图，提供给建设单位和城建部门。尤其在竞争激烈的建筑设计招标中，此类建筑表现图更是不可或缺。

一、建筑表现图的种类，常用材料及工具

（一）建筑表现图的种类

建筑表现图的表现艺术已形成了一个崭新的领域，建筑表现技法的研究工作也随之不断深入，新的表现形式与风格多种多样。

目前，国内外常用的建筑画种类主要有：水彩渲染、现代水粉渲染、钢笔画、钢笔水彩渲染、钢笔水粉渲染、铅笔画、彩色铅笔画、透明网纹色纸、喷笔渲染、马克笔渲染以及现代高科技产品的电脑彩色渲染等。

在这里我们需强调一点，有不少同学认为有了电脑彩色渲染的现代化手段就可以免去对自己的建筑画表现技法的训练。这是一种错误的理解。虽然今天已进入了电脑绘图的时代，然而，各种技法都有其自身的优势，不能相互代替。传统技法的训练，对于提高我们的艺术修养也是不可或缺的。无论我们选用哪一类画种，一幅形象逼真、具有较高艺术感染力的建筑画，除建筑上应具有的因素外，艺术技巧的表现也占有很大的比重。为此，一幅建筑画所反映的水平，也正是建筑师艺术素养的一种展示。

（二）常用的材料和工具

针对不同的建筑表现形式均会有不同的表现耗材与工具，这里我们仅介绍一些常用的表现形式、耗材以及绘图工具。

水彩渲染：　耗材：各色水彩颜料、水彩纸

　　　　　　工具：调色盒（板）、滤色容器、不同大小的水彩笔、大白云和中白云笔、笔洗（塑料小水桶）

水粉渲染：　耗材：各色水粉颜料、水粉画纸、卡纸或绘图纸

　　　　　　工具：调色盒、不同大小的水粉画笔及毛笔、界尺、笔洗（塑料小水

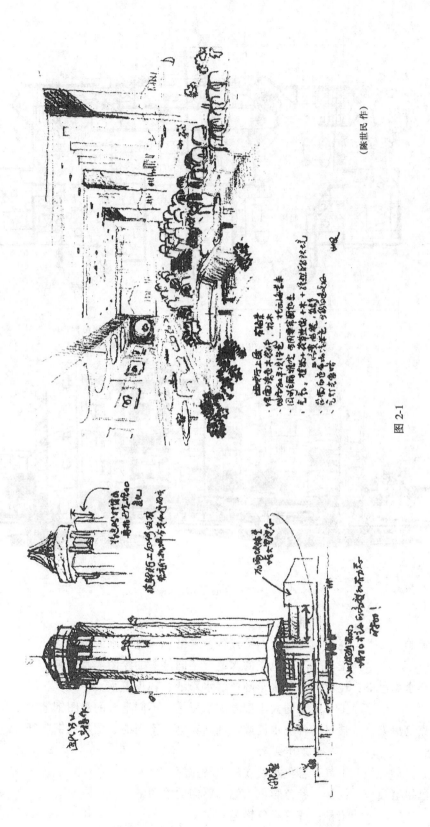

图 2-1

（陈世民 作）

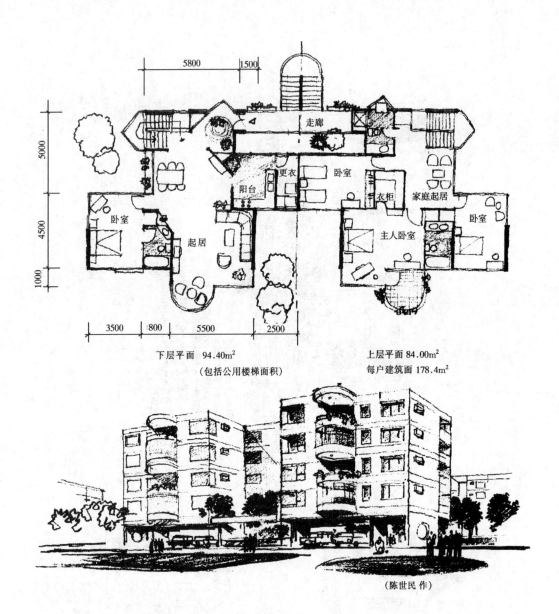

下层平面 94.40m²
（包括公用楼梯面积）

上层平面 84.00m²
每户建筑面 178.4m²

（陈世民 作）

图 2-2

桶）

钢笔画： 耗材：各种绘图纸或各色卡纸、黑色墨水或色水

工具：不同色彩的水笔、不同笔头的绘图笔及钢笔

钢笔水彩渲染： 耗材：各色水彩颜料、水彩纸、各色墨水

工具：不同大小型号的水彩笔、不同笔头的绘图钢笔

马克笔渲染： 耗材：各色水性或油性马克笔、不同的绘图纸或铜版纸、硫酸纸 玻璃卡纸等

工具：各色水性或油性马克笔

彩色铅笔画： 耗材：各色彩色铅笔、不同的绘图纸

工具：各色彩色铅笔

二、建筑表现图的基本绘图步骤

建筑表现图的基本作图步骤要根据不同的建筑表现形式而论。通常需要大面积用色的表现形式如水彩渲染、水粉渲染就必须将绘图纸裱在图板上，以免画纸在作画中受潮而变形，至于裱纸的步骤和方法将在单色渲染章节中详细介绍；而不需要大面积用色的表现形式，则不必裱纸。

（一）常见的基本作图步骤（以钢笔画为例）

1. 先求透视（铅笔稿）

作业内容可以先以临摹为主，在临摹的过程中一定要弄清楚该建筑物的透视原理，定出视平线高低，然后求灭点，再画建筑外轮廓透视，一点一点深入（图2-3、图2-4）。

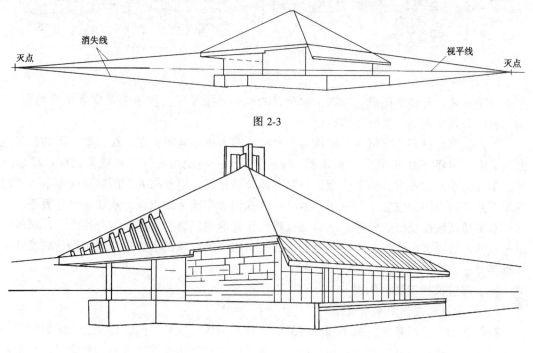

图 2-3

图 2-4

2. 图面布置

针对所画建筑的形状和特征，采用横向图面，还是竖向图面，将直接影响到表现的效果。举例中的建筑水平长度大于垂直高度，而且建筑物前后空间较大，故采用了横向图面布置，并且在建筑物主入口前方多留了一些空间。

3. 画配景（铅笔稿）

根据建筑物的性质和环境，进行配景设计。在画配景时也一定要注意周围建筑、人、汽车、绿化的透视规律，同时注意画面的层次（图2-5、图2-6）。

4. 检查校正、上钢笔正稿线

在初学阶段，画定稿线的同时一定要检查校正，特别要注意透视规律对不对？看上去是否舒服？环境配置是否符合建筑物的性质？检查无误时才能画钢笔正稿线（图2-6）。

三、表现图中的真实性与准确性

效果图的绘制已是建筑设计阶段的后期工作，但越到后期越要慎重仔细。因为建筑效

图 2-5

果图虽然只是一种辅助图形,但在工程项目的审查和招投标工作中起着非常重要的作用,所以我们必须掌握其真实性和准确性。

前面我们已讲到了建筑效果图作为一种实用艺术正在异军突起,绘制效果图的公司也愈来愈多,但随之也出现了一些问题,特别是目前一些绘图者在绘制效果图时,随意发挥,单纯追求画面效果,而不注意建筑物各部分的比例,以及与人之间的尺度关系。我们肯定了建筑效果图有它艺术的一面,但是也应强调忠实地为建筑设计或装饰设计服务。它必须真实地反映所设计的物景,准确地反映所设计的建筑物的空间比例与尺度。片面地追求艺术性,忽视或忘却了它的真实性和准确性,这样的效果图最终还是要被设计或设计市场抛弃。

四、建筑透视与画面构图

(一)建筑透视作图基本规律

我们所绘制的对象主要是不同类型的建筑物和室内外场景空间。建筑物的绘制对透视特别敏感,一不小心就会给人以失真感,为此正确地掌握透视作图的基本规律以及合理地选择不同类型的透视十分重要。

关于建筑透视的基本作图方法在以后的《阴影与透视》课程中会详细介绍和学习。在这里我们主要讲述透视作图的一些基本规律。

当我们观察任何物体,在不同的位置会发生不同的透视现象。比如我们漫步在大街小巷,室内室外,只要稍加留意就会发现近大远小,视平线以下近低远高,视平线以上近高远低的基本规律(图2-7)。

我们将图2-7中的建筑物以及其他物体一一去掉,剩下来的就是图2-8,这样我们就可以清楚地看到了不同的透视规律,以及视平线、灭点,消失方向等一系列透视现象。这一现象及规律是我们必须要掌握的。在具体作画时我们首先要确定其视平线的高低,一般情况下如果画室外透视,我们可以将视平线定为1.5米左右;画室内透视时其视平线可定为1米左右。当然,这也需要根据建筑物的性质、方案特点以及所要表达的意图,对视平线的高低做适当调整。从图2-9中我们便发现了,视平线越低则建筑物檐口线的倾斜度越大。同时建筑物与地坪交界的线越趋平缓。如果我们将视平线放在地面线(躺在草地上看

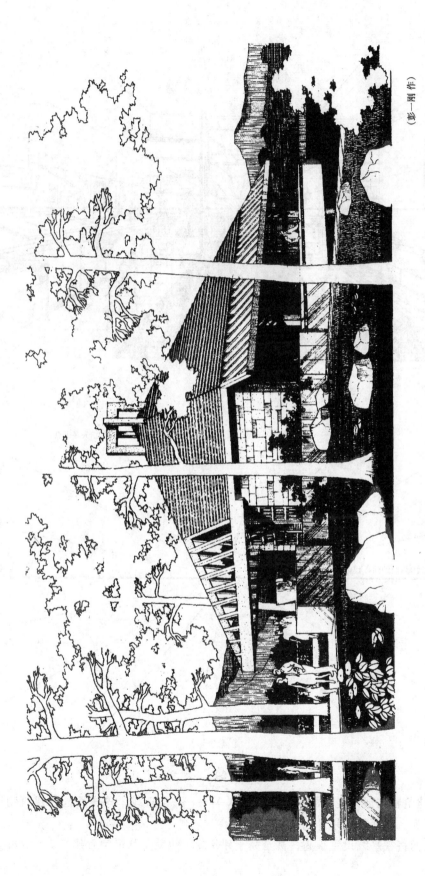

图 2-6

（董一刚 作）

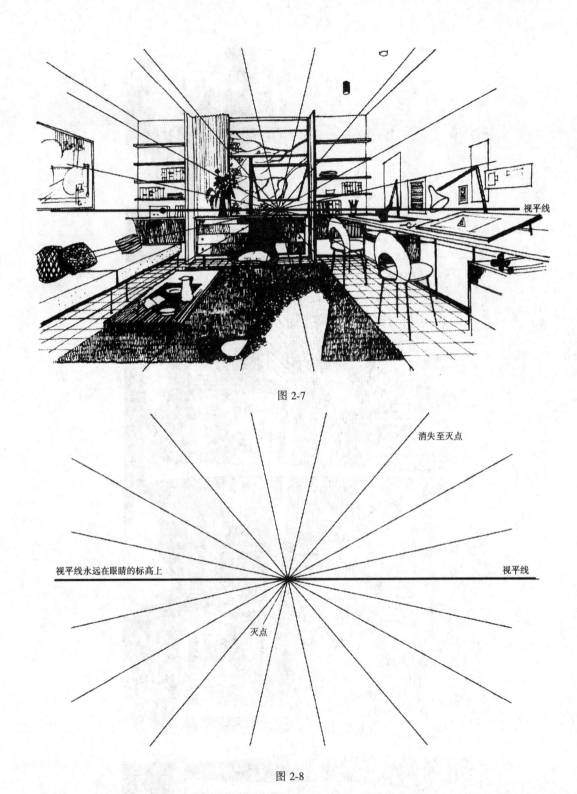

视平线

图 2-7

消失至灭点

视平线永远在眼睛的标高上

视平线

灭点

图 2-8

建筑物），建筑物与地面交界的线基本上成水平——一条直线，这样所画的建筑物透视往往会产生高大、雄伟的效果。

如果我们将视平线设置很高，甚至高于建筑物，也就是从高空看建筑物，这样建筑物

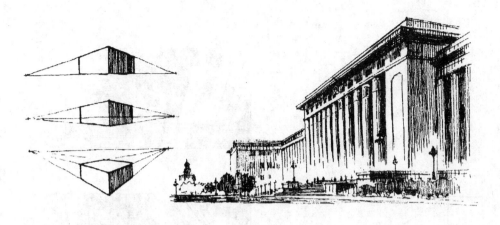

图 2-9

的顶部和建筑群体看得很清楚，地面面积很大，这种透视图我们称之为鸟瞰图（图2-10）。通过上述例子的分析，我们可以根据自己作图的需要选择不同的视平线。

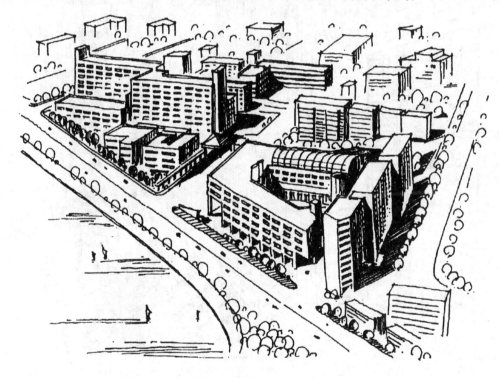

图 2-10

建筑物一般多为三度空间的形体，由于我们所看的角度不同，在建筑透视中通常会出现以下三种透视现象，即：

1. 一点透视

一点透视也称平行透视（建筑与画面平行）。用一点透视绘制的建筑图给人以端庄、稳重、简洁的效果，作图也较简单。它适用于纪念性建筑或对称性建筑以及室内大厅空间等场所（图 2-11）。

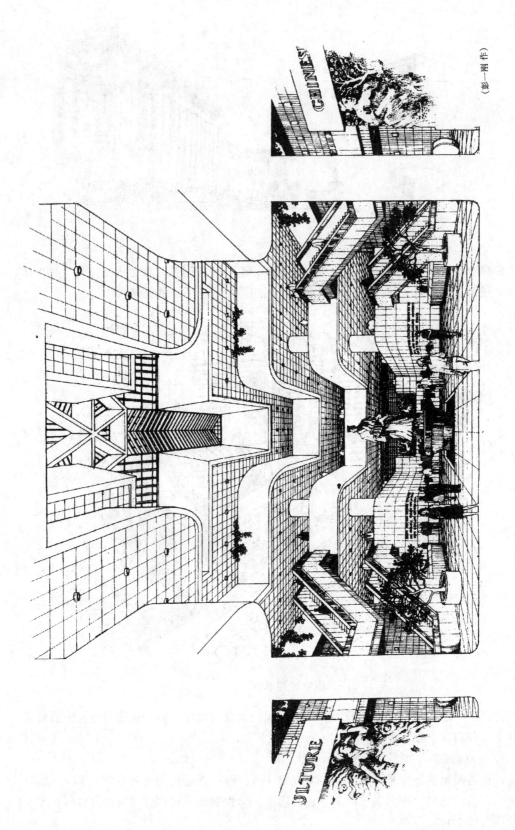

图 2-11

（基一刚 作）

2.两点透视

两点透视也称成角透视（建筑物与画面成一定的角度）。用两点透视绘制的建筑图容易产生亲切自然的效果，也是用的最多的透视法（图2-12）。

图 2-12

3.三点透视

三点透视通常用的不多，它除了左右两个透视灭点以外，还会有向上或向下消失的"天点"或"地点"（图2-13）。三点透视一般用于高层建筑或鸟瞰图，给人以高耸向上的感觉。

图 2-13

透视图作法很多，这里介绍徒手画法。

(1) 理想透视角度的选择

这个方法的特点为：按照理想的透视效果，反过来确定建筑物与画面的夹角、视距和视点高度，其具体方法和步骤如图 2-14 所示。

a. 理想的效果用徒手画出建筑体形突出部位的一角，并用延长两组边线的方法，确定消失点 V 及 V′。

b. 连 VV′ 即为视平线。把 VV′ 投影于画面上，以 PP′ 为直径作半圆，自 A 作垂线交半圆于 S，S 即为视点，SA 即为视距。

c. 过 A 点作一直角，使两个直角边分别平行于 SP、SP′，该直角即代表建筑物的平面。至此，所需要的条件已全部被求出。

(2) 徒手画透视

a. 先定下视平线，然后画透视的大体轮廓，随即按大体轮廓确定消失点。以建筑物高度为标准，借正方形的比例来判断建筑物正、侧两面的透视长度，从而确定其轮廓（图 2-15）。

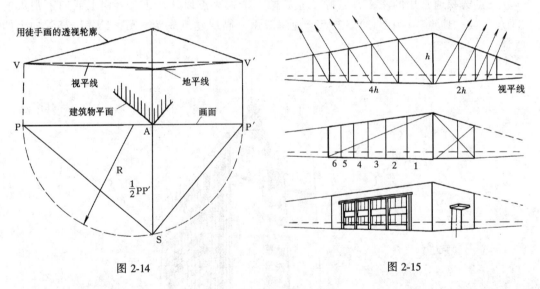

图 2-14　　　　　　　　　　　　　图 2-15

b. 在已经确定的大轮廓内分开间。假定该建筑物为 6 个等宽的开间，可把高度分成 6 等分并分别与消失点相连，这些连线与对角线相交处即为分开间线。至于侧立面则仅需作两对角线相交即可定出中点，从而确定开门的位置。

c. 按照已经确定的开间，把门、窗、垛、柱等细部一一填进去，即可画出建筑物的全部透视。

(二) 画面的构图

一幅画是否完整统一、表现生动、重点突出，在很大程度上取决于画面的构图与层次。建筑绘画中也是这样，特别是室外建筑表现图，取景范围比较宽广，除了要表达所设计的建筑物外，画面中还涉及到周围的建筑群体（有远的，也有近的）以及道路、绿化等环境气氛的烘托。

所谓构图，简单地讲就是如何组织好画面。在美术课外出写生时，老师会教我们如何去观察对象，从哪个角度去观察、采用竖向画面还是横向画面、写生对象在画中的位置和容量的大小等等，这些都与要表现的主题思想有着密切的联系。

建筑画不同于写生，它是建筑设计思想的表达。建筑画的绘制必须反映出建筑的设计思想，建筑形象的特点和建筑的环境气氛特征，综合考虑，较艺术地给以表达。

画面的图幅形式要适应建筑物的类型、性质、造型、体量等特征。一般说，单幢高层建筑宜采用竖向构图，其他类型的建筑都可采用横向构图。

如图 2-16 所示为某高层建筑，竖向构图有高耸向上之势，使建筑物显得雄伟挺拔。图 2-17 为某体育建筑，建筑物扁平，故采用横向图幅。横向构图有安定平稳之感，使建筑物显得稳定而开阔。

图 2-16

在一般效果图中，建筑物所占图面不宜过大，也不能太小。建筑物过大，如图 2-18（a）所示，画面显得十分拥挤，有闭塞和压抑之感；建筑物在画面中所占位置太小，如图 2-18（b）所示，画面则显得空旷、冷清，建筑物也显得特别渺小。对于如何处理好画面的容量，就初学者来讲，可在草图中做一番比较，即扩大或缩小留空部分，直至满意为止，如图 2-18（c）所示。

建筑物在画面中的位置，主要从左右和上下两个方向来控制。

左右位置：在有两个灭点的建筑外观透视图中，建筑物一般不要放在画面的正中，通常是稍稍偏一些，把建筑物正面所对的空间留得大一些，如图 2-19（a）、（b）所示比较

图 2-17

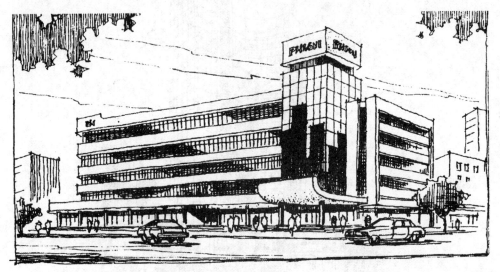

(a)

(b)

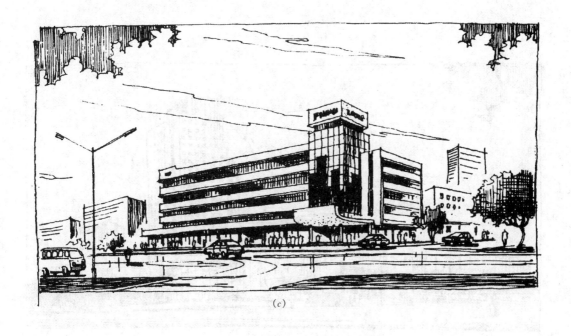

(c)

图 2-18

适宜，否则，建筑物前面会显得拥挤、堵塞，如图 2-19（c）所示。

上下位置：画面中建筑物的上下位置，将直接关系到天空与地面的大小，一般在 1.6m 左右的视高作用下，地面则不会看到太多，天空大于地面，如图 2-20（a）所示；过大的地面不仅不容易处理，还会显得空旷、单调，而且天空太少就会给人一种压抑感，如图2-20（b）所示。

(a)

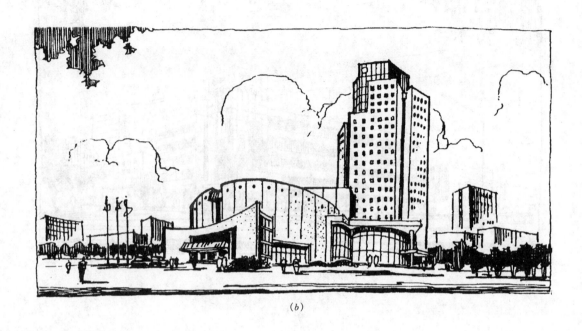

(b)

(c)

图 2-19

　　这里我们所讲述的只是较简单的几种情况，画好一幅效果图，还有很多问题要介绍。例如：画面的重心、焦点、虚实以及画面调子的选择、环境配置等等。这些问题我们将在以后的《建筑画与表现技法》中详细介绍。

(a)

(b)

图 2-20

第二节 钢笔画表现技法

钢笔画一般可分为钢笔工具画（也称钢笔工具线条图）和钢笔徒手画。不同的钢笔表现图各有不同的特点和使用范围，钢笔工具线条图在工程设计的后期，绘制建筑平面图、立面图、剖面图、节点详图以及钢笔线条表现图时用得较多，如图 2-21 所示。而钢笔徒

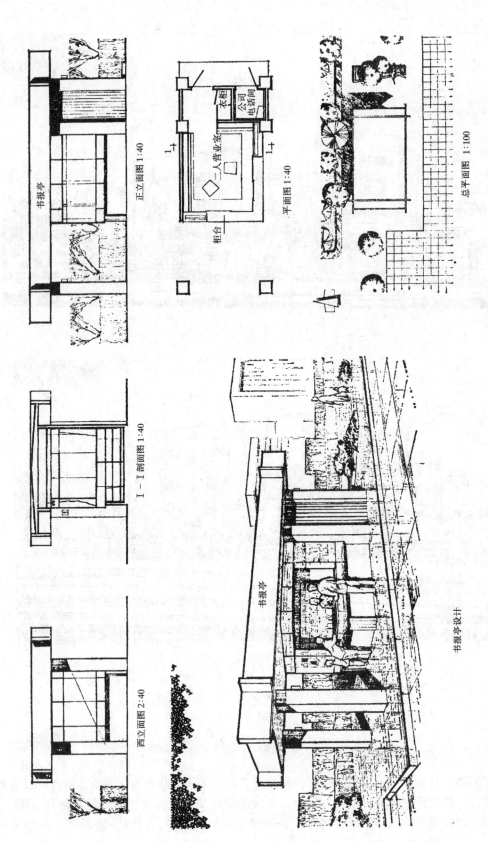

书报亭

正立面图 1:40

衣柜

公司 电话间

一人营业室

柜台

平面图 1:40

总平面图 1:100

Ⅰ—Ⅰ剖面图 1:40

西立面图 2:40

书报亭

书报亭设计

图 2-21

手画却在工程设计的前期，在调查研究、资料收集、方案推敲等方面用得较多，如图 2-22 所示。

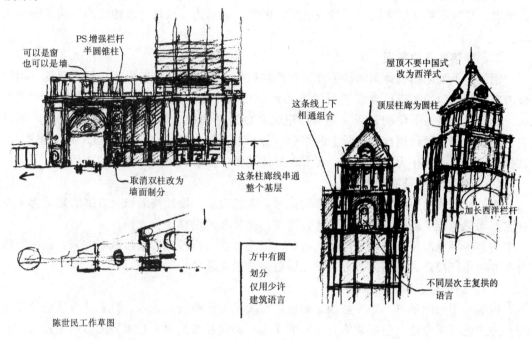

图 2-22

一、钢笔工具线条图

工具线条图一般要求线条粗细均匀、光滑、整洁、交接清楚，不同的线条粗细包含着不同的意义和用途，有关这方面内容在建筑制图课中已详细介绍。在这里我们主要介绍钢笔工具线条的效果图。

线条效果图的画法与美术课中的素描画法有相同之处。我们所绘制的建筑物不管室内还是室外，它一定处于阳光下或灯光下，也就是说它一定会有光影效果，从而出现亮面、灰面和暗面。在这里我们所有的工具是钢笔或针管笔，而不是 HB 或 6B 铅笔，钢笔线条没有深浅之分。我们要表现建筑物的光影效果只有用线条的不同排列，而获得物体的明暗

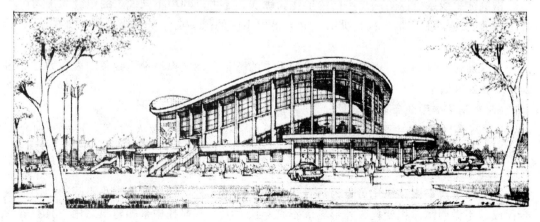

图 2-23

和深浅的光影效果，如图 2-23 所示。

要做到运笔轻松，潇洒自如，需要熟悉不同工具的使用，并必须进行一系列的工具线条练习。只有不断地反复练习，找到运笔的感觉，做到胸有成竹，方能绘制出满意的效果图。

二、钢笔徒手线条图

钢笔徒手线条图也称钢笔徒手画，它是建筑师或设计师在培养过程中很重要的一项训练内容。建筑师的工作包含着逻辑思维和形象思维两个方面。有形象思维方面的问题存在，就必然会有对形象的认识、理解、记忆和创造的问题，而这些都需要徒手画。通过它，建筑师们才能运用自己视觉上的组织、分析和决断的能力，进行修改、补充和提高。这样，建筑徒手画作为一种工具，在形象塑造过程中就会发挥极为重要的作用。

（一）钢笔徒手画的特点

钢笔徒手画的用途范围广泛：参观记录、资料搜集、设计构思以及方案表现等都离不开它。而钢笔徒手画的工具用材又比较简易，携带和使用都比较方便。

钢笔徒手画的特点是线条流畅、粗犷，下笔自然而不停滞，笔触赋有神采，是一种既有东方的传统技法，又不失西方追求光影效果的素描艺术。

（二）钢笔徒手线条的技法要领

钢笔徒手画的学习，第一步就需要徒手做大量的各种线条练习，只有这样才能熟能生巧。一个建筑学专业（包括装饰专业）的学生，必须经常利用一些零星的时间来做各种线条的练习，如图 2-24 所示，这也就是所谓的练手。

作图时切记以下几点技法要领：

1. 运笔要放松，手只需轻轻握笔，缓慢地用力均匀地在纸上滑动。

2. 一次一条线，过长的线可以分段画，画线时切忌往复描绘，分段画时线条之间可留空隙，不宜搭接出小点。

3. 宁可局部小弯，但求整体大直。初学者肯定会出现一些小弯曲，这是很正常的，但要求我们双眼不要死盯着笔头，尽可能地平视所画线的前方，匀速慢慢移动，从而求得线条整体的平直。

（三）钢笔徒手线条的组合

钢笔徒手线条可以勾画出不同的形体轮廓线，还可以利用不同线条的组合和排列产生出不同的肌理效果，如图 2-25 所示，也可出现不同的黑、白、灰明暗效果，如图 2-26 所示。

只有通过反复训练，逐步掌握和找到手中的感觉，才能提高钢笔线条的表现力，如图 2-27、图 2-28 所示。

（四）钢笔徒手线条表现配景

这里介绍的配景主要为建筑配景，如绿化、树木、汽车及人物等。下面分别介绍其画法。

1. 绿化、树木

就画面层次来讲，绿化可分为远景、中景、近景三种。远景树由大小不等的半圆形组合而成，不做明暗体积变化，外形轮廓不宜起伏太大，起衬托中景和建筑之用，具有剪影效果。近景刻画较具体，树干和树枝应符合树的结构特征。中景树常在建筑两侧，有时也

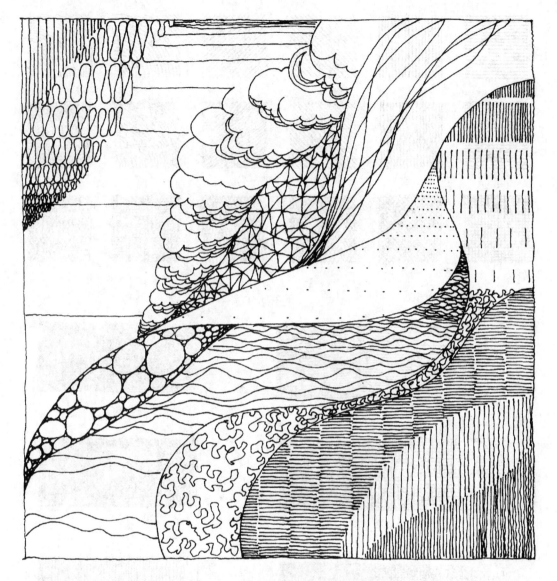

图 2-24

可画在建筑物的前面，以增加气氛。但是它们不应遮挡建筑物的重点部分，以免破坏建筑的整体性。中景树尽管可有体积变化，但不宜过分强调，以防喧宾夺主。

树又可分为灌木和乔木，均由树干、树枝及树冠三部分组成。树的特征决定于树干的结构形态和树冠的外部轮廓。树冠的外部轮廓变化多姿，概括其形式分球形、球形组合、倒圆锥、圆柱和卵形等多种。但自然界中很少有完整的几何状态，应采用多变的笔触作出疏密有致的丰富外形。根据受光方向，先画树冠的暗部，再画亮部，最后在树叶空隙处添加树枝。树冠铺色应依其生长方向放射状态运笔，并留出自然空隙。空隙常透出背景，如背景是灰色的天空，空隙呈浅色点；茂密树叶的空隙，常透出后部树叶，后部树叶在阴处，故空隙呈深色点。空隙上的点不宜平均布置，应相对集中。点的大小，形状也应显示变化。如图 2-29 所示。

这里，我们还向初学者介绍一种程式化的树木画法，在建筑设计中也常用。由于

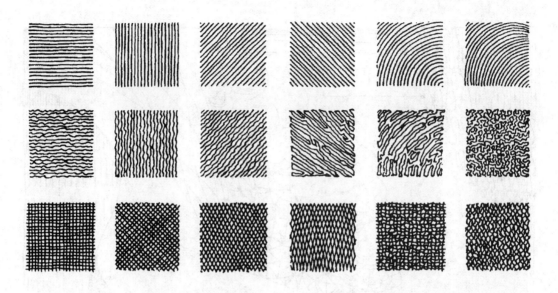

图 2-25

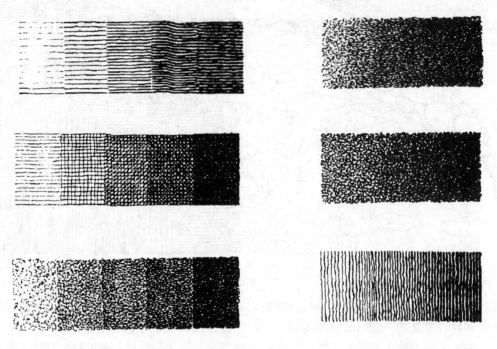

图 2-26

它简练而又图案化,更需要选择合适的线条及其组合,以夸张其树木的造型,如图 2-30 所示。

2. 汽车

在建筑配景中虽然并不要求像工业设计表现图那样强调夸张的光影质感,但是准确、细致地描绘这种高科技产品,定会使建筑及其环境生辉,如图 2-31 所示。

画好汽车的首要问题是注意比例和透视关系。根据轿车设计的趋势来看,轿车前身已

图 2-27

图 2-28

　　愈来愈趋向低，前面的挡风玻璃也更加倾斜，即呈流线型。因此，汽车的行进感也较强烈，如图 2-32 所示。

　　3．人物

　　建筑画中人物的表现对于活跃整张画的气氛起着很大作用。同时，对于表现建筑物的尺度以及平衡画面、突出重点都具有相当重要的作用。在建筑画中要求表现出人物的姿态和动感，人的脸部相貌一般可省略。绘制时，要求画准人物的大比例关系。人物在整张画

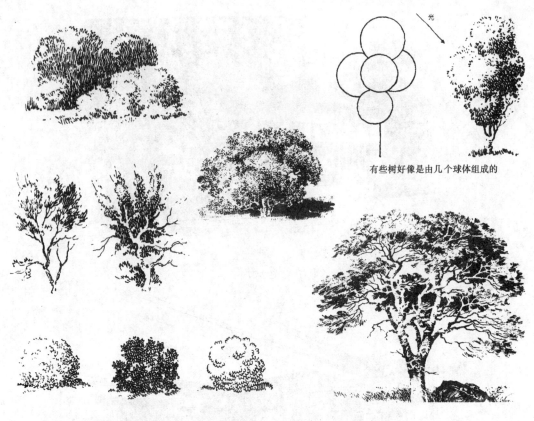

有些树好像是由几个球体组成的

图 2-29

面上的安排应注意疏密得当，如图 2-33 所示。

（五）钢笔徒手表现建筑

钢笔徒手作画要求高度概括、提炼，舍弃繁琐的细微变化，下笔前做到意在笔先（即构图、轮廓、比例做到心中有数），胸有成竹，才能下笔果断流畅，一气呵成。同时还需要做到黑白对比强烈，兼顾黑白灰三者的关系。灰色部分可使画面更趋生动，层次丰富而耐人寻味。

钢笔画从表现技法和风格上来讲又可分为：钢笔单线线描表现法（也称线描法或白描法）；钢笔排线素描表现法（也称排线法或素描法）。这两种方法各有自己的风格和特点。

1. 钢笔单线线描表现法

钢笔线描是一种需要高度简洁而又效果明快的表现手法。它依靠曲直、粗细、刚柔、轻重而富有韵律变化的线条，达到对复杂的形状与特征的概括。所表现的建筑形象，只凭起伏而有韵律的墨线来完成。尽管线描的工具比较简便，但它所描绘的对象的风格还是多种多样的，有的优美轻柔，有的挺拔奔放，有的粗犷遒劲，还有的细腻精巧。所以，这一类的表现正愈来愈被广大建筑师（规划师）们和建筑、规划专业的学生所接受，并得到更多的工程技术人员的普遍赞赏，如图 2-34 所示。

在硬笔作画的领域中，以钢笔或铅笔的线描作画最为便捷和常见，也最具有专业功能。线描建筑画是各类建筑画的基础，正如素描是美术领域中各类画种的奠基石一样。要掌握线描建筑画，既要注意基础训练，也要逐步掌握绘图的有关要领，特别是比例、透视

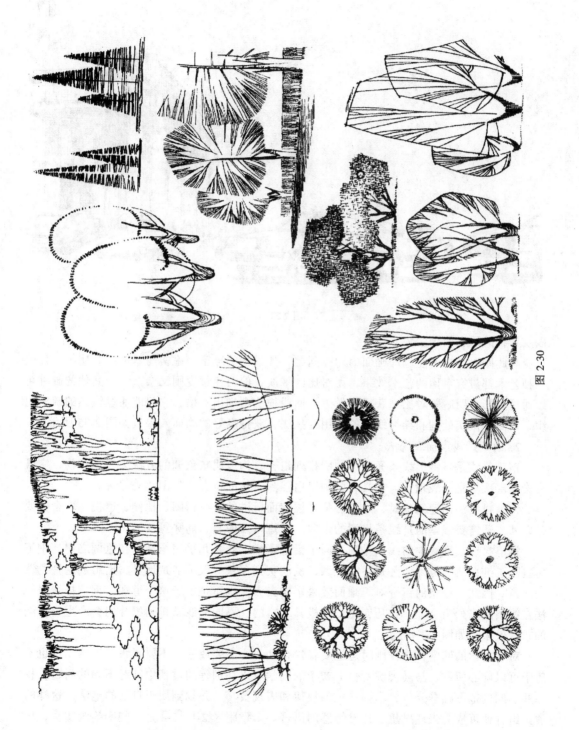

图 2-30

图 2-31

以及景物的取舍问题。

与此同时，也不能忘却画面的构图问题，如景物的疏密、虚实与繁简的对比等。任何一种艺术都讲究对比的艺术效果，无对比则平淡，但对比过度则又会杂乱。其他的画种可以通过色彩、明暗等对比来获得体量感，而线描法则别出一格，它只能通过线条的疏密组织、繁简、虚实处理和异类线型的运用等技法，获得良好的画面效果，如图 2-35 所示。

2. 钢笔排线素描表现法

钢笔排线是靠钢笔线条通过不同的排列组合，构成明暗色调的方法去表现景物，它既有素描层次丰富的表现力，又具有版画黑白强烈对比的特点，如图 2-36 所示。

钢笔排线法作建筑画时，除了必须掌握前面所讲的一些构图、比例、透视、取舍等要领以外，还需要强调的是线条排列的走向、长短以及曲直、韵味等要领。

钢笔排线表现法中的线条排列不同于铅笔素描，线条几乎完全融合在色调之中。钢笔排线除了纯白或纯黑外，凡是中间色调，从淡灰到深灰一般都清楚地显露出组成这种色调的线条。因此，线条的组合对于画面效果影响极大。也正是由于这个道理，钢笔排线表现法在线条的排列组合上，技巧变化也是极其丰富的。不同的线条排列组合均会产生出不同的艺术效果，如图 2-37 所示。

对于初学的同学，在作画时运笔要轻松自如，心态要放松，不要紧张。当然，这也不等于可以随心所欲，马马虎虎对付。初学的同学可以在训练的过程中针对不同的问题，找一些不同的范图临摹分析，掌握一定的规律和表现技巧，并找到属于自己的笔法，这样的线条组合便可成为表现思想、抒发情感的语言。本章附录 2-1 ~ 2-4 是一些钢笔画实例，可供读者赏析及临摹。

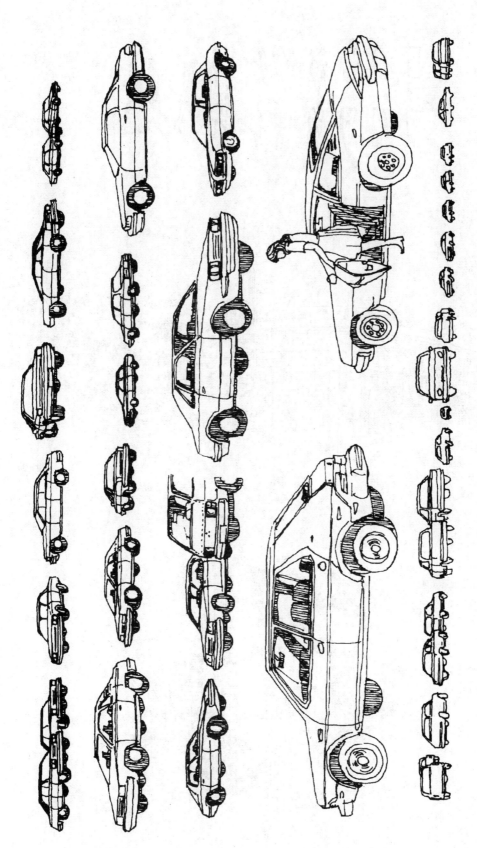

图 2-32

图 2-33

(叶荣贵 作)

图 2-34

(李正刚 作)

图 2-35

（鲁愚力　作）

图 2-36

（欧阳桦 作）

图 2-37

附录

附录 2-1　钢笔线条练习

111

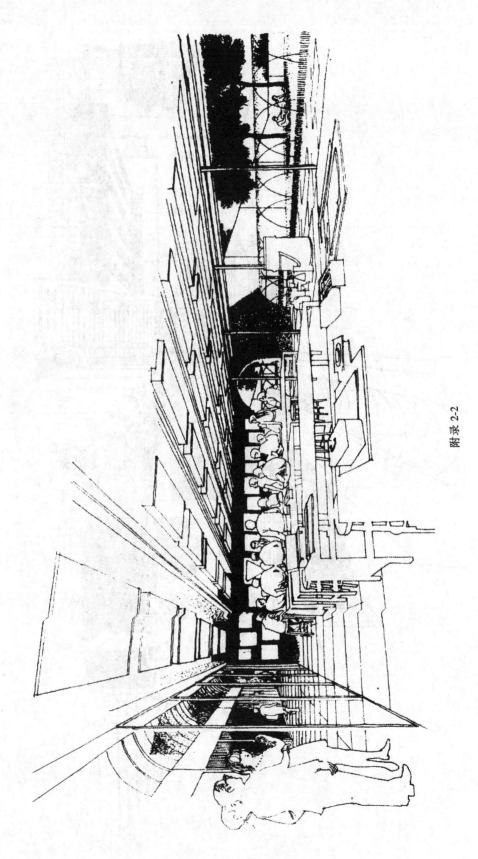

附录 2-2

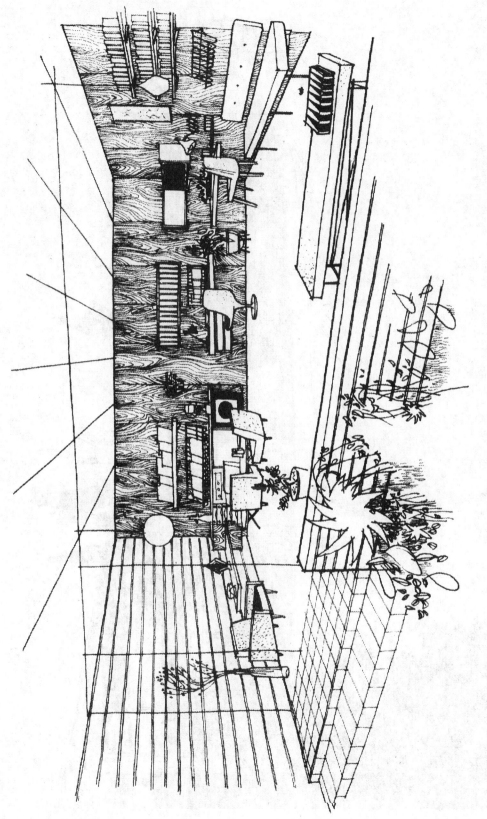

附录 2-3

113

附录 2-4

114

第三节 单 色 渲 染

一、单色渲染的特点及用途

1．用途

单色渲染类同水墨渲染，是表现建筑空间形象的基本技法之一。

2．特点

它是用水来调和墨或其他颜料，在图纸上逐层染色，通过颜料的浓、淡、深、浅，渲染次数多少来表现形体、光影和质感。下面主要以水墨渲染为例来说明单色渲染的基本技法。

二、渲染工具及基本技法

1．渲染工具与准备工作

（1）纸和裱纸

纸张应选用质地有韧性、纸面纹理细腻而又有一定吸水性的。太光滑、太粗糙的纸都不宜用作渲染。由于渲染需用水调和颜料并且涂画面积较大，纸因湿水而膨胀，纸面会凹凸不平，因此我们应预先使纸膨胀，可以采取将纸裱在图板上的办法。

裱纸方法如下所示（图2-38）：

①沿纸四周折边2cm，折向是图纸正面朝上。

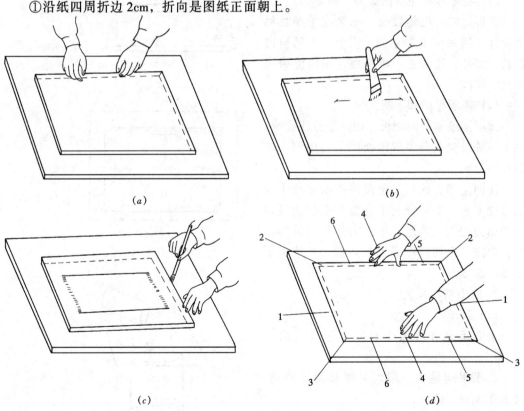

(a)　　　　　　　　　　　　　(b)

(c)　　　　　　　　　　　　　(d)

图 2-38

②使用干净底纹笔蘸清水在折边范围内均匀涂抹；请勿使纸起毛。

③用湿毛巾（白色）平敷图面，使纸面保持湿润，同时在四周折边背面均匀适量抹上浆糊。

④按图示顺序用双手同时固定和拉撑图纸，请勿用力过猛；为使四周迅速干透，可用电吹风将四边均匀吹干。

在图纸裱糊整齐后，还要用底纹笔轻抹折边内图面使其保持一定时间湿润，并吸除过多水份，将图板平置阴干图纸。如果发生局部粘贴折边脱开，可用小刀酌抹浆糊伸入裂口，重新粘贴或另用纸张涂浆糊加固。若脱边部分过大，则需要重新裱纸。

（2）墨和滤墨

水墨渲染宜用品质较好、颗粒细腻的墨汁。也可用墨锭在砚台内用净水磨浓，然后过滤。

滤墨方法：一是将墨汁通过纸巾或棉纱布过滤后使用；二是将砚台垫高，用一段棉线或棉花条用净水浸湿，一端伸入砚内，一端悬于小碟上方，利用毛细作用将墨汁过滤后滴入碟内（图2-39）。

滤好的墨可存入小瓶内备用，但须封闭并置于阴凉处，且不能久存，以免沉淀或干涸。

（3）毛笔和海绵（图2-39～图2-40）

渲染时需备毛笔数支。毛笔应干净且笔毛完好，用后应洗净余墨，晾干，置笔筒内存放。此外，还需备一块海绵，用作渲染时擦洗、修改。

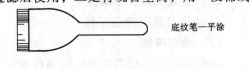

底纹笔—平涂

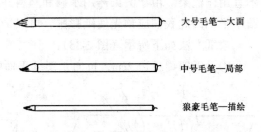

大号毛笔—大面

中号毛笔—局部

狼毫毛笔—描绘

（4）图面保护和下板

渲染图绘制时间较长，因此常分段完成。在上一阶段完成后须等图面晾干后用干净纸张保护画面。

图面全部完成后，也应待图纸完全干燥后方能下板，要用锋利小刀沿裱纸折边线以内的图边切割；为避免纸张突然收缩扯坏图纸，应按一定切口顺序依次切割，才能取下图纸（图2-39）。

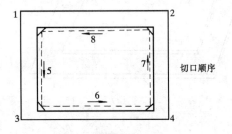

切口顺序

2．渲染基本技法

（1）运笔

渲染运笔方法大体有以下三种（图2-41）：

①水平运笔法；用大号笔做水平移动，适宜作大面积渲染；

②垂直运笔法：宜作小面积渲染，特别是垂直长条；上下运笔一次的距离不能过长，

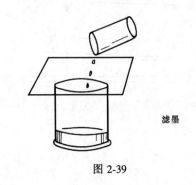

滤墨

图2-39

以避免上墨不匀，同一排中运笔长短要相等，
以防过长的笔道使墨水急骤下淌；

③环形运笔法：常用于褪晕渲染，环形运笔时
笔触能起搅拌作用，使后加的墨水与涂上墨水能
不断均匀地调和，从而图画有柔和渐变效果。

（2）大面积渲染方法（图 2-43）

①平涂法：表面受光均匀的平面；

②褪晕法：表现受光照强度不均匀的面、
曲面的光影变化；做法可由深到浅或由浅到深；

③叠加法：表现需细致、工整刻画的曲面；
事先可将画面按明暗光影将曲面分条，用同一
浓淡墨水平涂，分格逐层叠加。

（3）注意事项（图 2-42）

①抬高图板一边；

②褪晕时墨水要逐步加深；

③开始渲染前先用适量清水润湿顶边，避免纸张骤然吸墨；

④笔中墨水不宜过多或过少，应适中；

⑤渲染时笔毛不应直接触及纸面，应以毛带水移动；

⑥渲染至底部应用干笔头轻轻吸去表层水份，不要触动底墨。

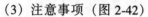
错误
正确
毛笔使用时放置

图 2-40

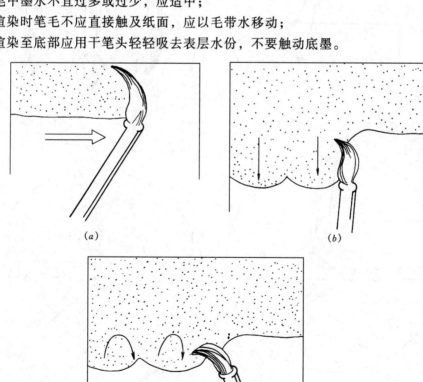

(a)

(b)

(c)

图 2-41

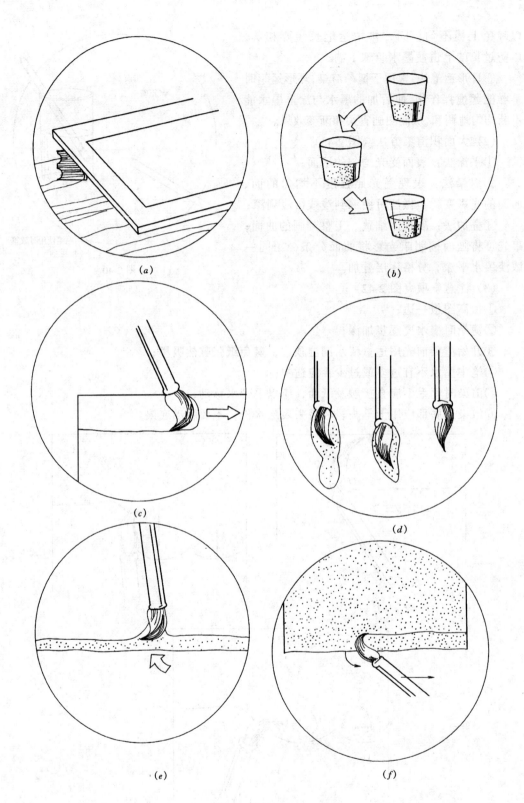

（b）

（c）

（d）

（e）

（f）

图 2-42

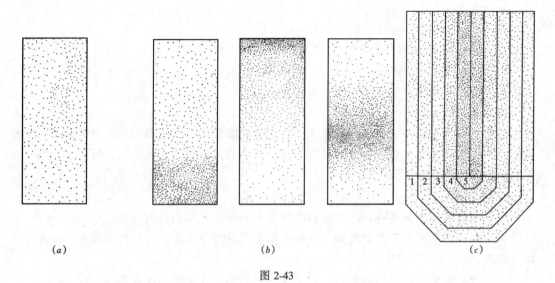

图 2-43

三、单色渲染作图步骤

在裱好的图纸上作完底稿后，先用清水将图面轻洗一遍，干后即可着手渲染。一般可以有分大面、做形体、细刻画、求统一等几个步骤（图 2-44）。

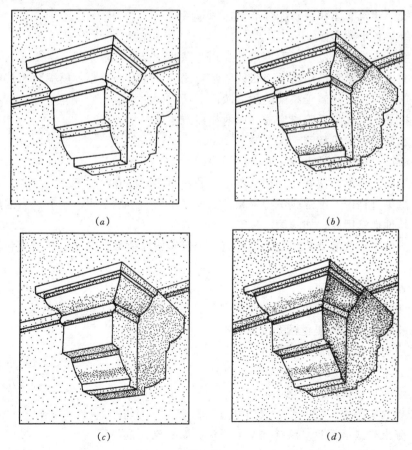

图 2-44

1. 分大面

——区分建筑实体和背景；

——区分实体中前后距离较大的几个平面，注意留出高光；

——区分受光面和阴影面。

这一步骤主要是区分空间层次，重在整体关系。

2. 做形体

在建筑实体上做各主要部分的形体，它们的光影变化，受光面和阴影面的比较。无论是受光面还是阴影面，都不要做到足够深度，只求形体能粗略表现出来就可以了。特别是不能把亮面和次亮面做深。

3. 细刻画

——刻画受光面的亮面、次亮面和中间色调，并要求作出材料的质感；

——刻画圆柱、檐下弧形线脚、柱础部分的圆盘等曲面体，注意作出高光、反光、明暗交界线；

——刻画阴影，区分阴面和影，注意反光的影响，注意留出反高光。

4. 求统一

由于各部分已经过深入刻画，渲染的最后步骤要从画面整体上给明暗深浅以统一和协调。

——统一建筑实体和背景，可能要加深背景；

——统一各个阴影面；

——统一受光面，位于画面重点处要相对亮些，反之要暗一些；

——突出画面重点，用略予夸张的明暗对比、可能有的反影、模糊画面其他部分等方法来达到这一目的；它属于渲染的最后阶段，又称画龙点睛；

——衬景，宜在最后阶段完成，以衬托建筑主体。

四、水墨渲染常见病例

水墨渲染过程中常易出现一些缺陷，原因为：

——辅助工作没有做好，如裱纸不平、滤墨不净、墨有油渍等；

——渲染过程中不细致或不得要领，如加墨不匀、运笔不当、水分过多或过少等；

——其他偶然因素，如滴墨。

下面我们举一些渲染缺陷的病例，它们很影响图面效果，要尽可能避免和补救（图2-45）。

1. 纸面有油渍或汗斑。

2. 纸未裱好，造成渲染时角端凸凹严重，墨迹形成拉扯方向的深色条。

3. 橡皮擦毛纸面，黑色洇开变深。

4. 涂出边框外，画面不整齐。

5. 画面未干，滴入水珠。

6. 褪晕时加墨太多，变化不均匀。

7. 图板太斜墨水下行过快，或用笔过重，产生不均匀的笔道。

8. 水分太少或运笔重复涂抹，画面干湿无常，缺乏润泽感。

9. 水量太多造成水洼，干后有墨边。

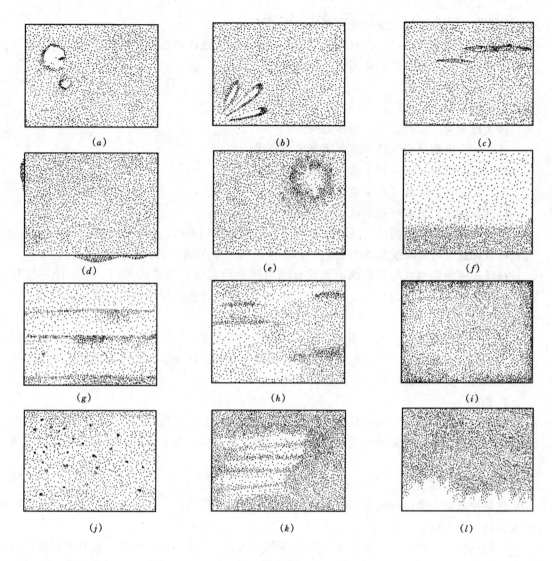

图 2-45

10. 滤墨不净或纸面积灰形成斑点。

11. 底色较深，叠加时笔毛触动了底色，褪晕混浊。

12. 渲染到底部吸水不尽造成返水或笔尖触动底色留下白印。

五、单色渲染作品鉴赏

附图 1～附图 5 见插页。

第四节 彩 色 渲 染

一、色彩的基本知识

色彩来自光，没有光就无法感觉色彩。当物体被光照射后，物体表面产生了不同程度的吸收和反射，我们所见物体色彩正是反射出来的色光。

1. 色相

色彩的相貌、面目。也就是颜色的种类和名称。

原色——基本色彩，即任何颜色都调不出来的一次色。颜色的三原色为红、黄、蓝。

间色——由两种原色混合而成。如：

红＋黄＝橙；

黄＋蓝＝绿；

蓝＋红＝紫。故橙、绿、紫称为间色。

复色——由两种间色或三原色适当混合而成。如：

橙（红＋黄）＋绿（黄＋蓝）＝黄灰；

橙（红＋黄）＋紫（红＋蓝）＝红灰；

绿（黄＋蓝）＋紫（红＋蓝）＝蓝灰。

组成间色或复色的两种、三种颜色（原色）成分比例不同，可以得到很多种不同倾向的灰色。如红灰可以看成是 50％红色，25％蓝色和 25％的黄色的调配。

补色——由一原色与其余两原色混合成的间色再混合，都成黑灰色，它们便互称补色。如橙色与蓝色就互为补色。补色又称对比色。互为补色的颜色再混合就可成黑色。

2．明度

即色彩的明暗程度，也称亮度。同一种颜色由于光照强弱不同，会产生明暗强弱不同的变化，例如：蓝色会产生浅蓝色、蓝色、深蓝色……。此外，各种色相的颜色本身的明度也不相同，如黄色比红色亮，红色比紫色亮。

3．纯度

又称饱和度、彩度，是指颜色本身的纯净程度。每个色相纯净程度各不相同，三原色最纯，间色纯度次之。黑色过饱和，白色不饱和。黑、白、灰无色彩，只有明暗感觉、明度差异。

4．色彩视觉感受

色彩视觉的产生必须具备三个条件，即物体、视觉器官——眼睛、光。这三者是紧密相关，缺一不可的。

不同色彩令人在生理上和心理上产生不同的感受，带来不同的联想。经专家研究，得出了以下规律：

色彩的冷暖。根据人们的体验，如：看见红色会使人联想到火、太阳、鲜血，感到温暖、热烈；看到蓝色、紫色就会使人联想到海水、夜空、阴影，感到冰凉、寒冷。在色彩的冷暖中从红色调到黄色调称为暖色；从蓝色到蓝绿调、蓝紫调称为冷色。但颜色的冷暖也是相对的，如：紫色比蓝色温暖些。同属绿色色相中，深绿比草绿就冷一些。

色彩的软硬与轻重感。这同样来源于人们对生活的体验，如：黑色使人联想到坚硬沉重的煤炭、金属，而白色就会使人联想到柔软而轻盈的白云、棉花。在明度上，通常明度高的感觉柔软，而明度低的感觉坚硬。

色彩的前进与后退感。通常暖色膨胀具有前进感，而冷色收缩则给人以后退感。所以，我们希望背景远些，应选蓝紫色调。

二、水彩渲染的步骤

1．材料与特点

水彩渲染亦须裱纸，方法类同水墨渲染。水彩用纸宜吸水均匀，吸水性适中。渲染工具还有大、中、小号水彩画笔或羊毫毛笔、调色碟、笔洗和贮清水的杯罐。

水彩渲染都应作小样，特别对初学者，尤为重要，避免在正图上的盲目性。小样应明确画面的总色调、各部分的色相、明度及冷暖关系。底稿绘制宜用 H、HB 铅笔，必须清晰。在渲染完成后，可用较硬铅笔勾划轮廓线或分割线，使画面更清晰明了。

水彩渲染应用水彩画颜料，颜料应湿润，调配充足。水彩颜料有的沉淀，有的透明。赭石、群青、土红、土黄等透明度低，在渲染中易沉淀，在表现粗糙材质时效果较好。柠檬黄、普蓝、西洋红等颜料透明度较高。在分层叠加渲染时，宜先透明色，后不透明色；先着无沉淀色，后着有沉淀色；先浅后深；先暖后冷，以避免画面晦暗呆滞，或后加的色彩冲掉原来的底色。色彩调配一般有两种基本方式，即将两种颜色先后叠加上色或将两种颜色混合后再上色。

水彩渲染时可利用毛笔蘸清水擦洗，进行必要的修改，有时也能达到某种特殊效果，如天空云彩、水中倒影等。但要避免擦毛纸面。

2. 方法步骤

基本运笔方法同水墨渲染。现介绍水彩渲染的基本步骤：

（1）定基调、铺底色

主要是确定画面的总体色调和各个主要部分的底色。

（2）分层次，做体积

这一步主要是渲染光影效果，光影变化做好了，层次分明了，造型立体感也显现出来了。

（3）细刻画，求统一

在上一步基础上，进一步深入刻画与表现空间层次、建筑造型、材料肌理和光影效果。同时，对前面步骤进行整体的调整，包括色彩、光线明暗、阴影深浅、空间关系等方面，来求得画面整体的统一。

（4）画背景、托主体

这是最后步骤。背景与主体的关系处理得当与否直接影响画面效果，不应把背景表现得过分突出、细致，以致喧宾夺主，而应将这些衬景（植物、人物、陈设）与整个空间环境融合成一个整体。它们都只有一个目的，即衬托主体。衬景应用简洁的色彩、简练的形象，追求整体效果。

三、水粉渲染的方法步骤

1. 材料与特点

水粉用纸比较灵活，一般除太薄、太光、吸水性太强的纸张外，其他纸均可使用。在表现时宜将纸裱于画板，作画效果较好。

水粉渲染用笔一般选用水粉画笔，也可选用国画笔、水彩画笔、底纹笔、化妆笔等，其毫宜用狼毫或羊毫。笔有大、中、小号。此外，还应准备调色盒（盘）、笔洗和贮清水的杯罐。

水粉颜料所采用的原料都是水性的，易干。品种丰富有：白、柠檬黄、淡黄、中黄、橘黄、橘红、朱红、大红、洋红、曙红、深红、玫瑰红、桃红、青莲、群青、酞青蓝、深蓝、普蓝、钴蓝、孔雀蓝、湖蓝、鲜蓝、翠绿、中绿、深绿、草绿、淡绿、粉绿、橄榄绿、土黄、土红、赭石、熟褐、生褐、黑等。在色盘上也应按此排列。

水粉渲染表现特点是纯度较高，色彩明快、饱和，具有较强表现力，适宜较快深入细致表现，有较强遮盖力。若用薄画法，利用水色流化的现象，能给人以鲜艳、润泽之感。

2. 方法步骤

水粉渲染亦称晕染法。这种画滋润柔和，其效果与水彩渲染相似。基本步骤类似水彩渲染。

四、彩色渲染中的质感表现

渲染中质感表现是渲染过程中关键步骤，是细刻画的重要部分。下面就常见一些质感表现技法要领进行介绍：

1. 玻璃门窗

一般玻璃在色彩上系冷色调，在空间概念上属"虚"的部分，从质感上讲为光滑透明。玻璃通常的色调为蓝色调，如：蓝绿色，蓝灰色，并为透明色，忌用易沉淀的褐色等颜料。

其渲染步骤为：a. 作底色，b. 作玻璃上光影；c. 作玻璃上光影变化折光；d. 作门窗框；e. 作门窗框上的阴影。

2. 大理石

一般大理石在色彩上暖色调居多，如米黄色、象牙白、咖啡白、粉红色等。在空间上属"实"的部分，质感上多为光滑细腻。

其渲染的步骤为：a. 作略带褪晕底色；b. 分块部分作些变化，以示天然色泽差；c. 作大理石上光影变化，边棱要有高光，大面上要有反光（预留或水洗）；d. 作分块勾画，并在光影变化中用略深同类色勾画出自然石材纹理。

此材料特点是本身固有色减弱，亮部高光明显。

3. 清水砖墙

较小尺度的清水砖墙渲染方法有两种：一是墙面平涂或褪晕着底色后，用铅笔画上横向砖缝；二是使用鸭嘴笔用墙面色调作水平线，线与线之间的缝隙即为水平砖缝。这种画法要注意线条宽要符合砖的比例；线条中可有停断，效果更生动。

尺度较大清水砖墙画法步骤：a. 先画砖缝铅笔稿；b. 淡淡地涂一层底色，并留下高光；c. 平涂或褪晕着色；d. 选少量砖块做一些深浅变化，使画面更形象。

4. 抹灰墙

首先略作褪晕（以示光影变化或环境反光）的整体渲染；如为较粗糙的墙面可用铅笔点些小点；若有分块墙面，也可作些变化。如尺度较大，分块的边棱要留出高光，并且要做缝隙阴影。

5. 文化石（粗质或自然碎石材）

其渲染步骤为：a. 用铅笔做好底稿后，据石材色调平涂一层淡底色；b. 用统一色调将各块石材作多种色彩明度变化，没有高光，逐一填色；c. 最后勾画石块造型轮廓阴影。

6. 木饰面

一般木饰面在色彩上多为暖色调，如土黄、中黄、棕黄、褐红色等，给人以温暖、自然、亲切感。

其渲染步骤为：a. 作底色，也可略有褪晕；b. 分块部分作些变化，以示天然材质；

c. 作木质不同表面上的光影变化,边棱应略浅,没有高光,大面过渡自然;*d*. 在木质面上用同类色,勾画天然木制纹理。

五、彩色渲染中应注意的问题

彩色渲染的表现技法尤为重要,若运用不当,将直接影响表现效果。下面就列举了一些应注意的问题:

1. 间色或复色渲染调色不匀易造成花斑;

2. 使用沉淀颜料时,由于运笔速度不匀或颜料与水不匀易造成沉淀不匀;

3. 颜料搅拌过多发污浊;

4. 色度到限发死;

5. 覆盖的一层浅色或清水洗掉了较深的底色;

6. 擦伤了纸面出现了毛斑;

7. 使用干结后的颜料,颗粒造成麻点;

8. 褪晕过程中变化不匀造成突变;

9. 渲染到底部积水造成了返水;

10. 纸面有油污,形成花斑;

11. 画面未干滴入水点形成花斑;

12. 工作不细致涂出边界收边不齐。

六、彩色渲染作品鉴赏

附图 6 ~ 附图 11 见插页。

第三章 建筑与建筑装饰设计入门

学习设计，我们首先对设计对象要有深入的认识与理解；其次要把握设计的规律，学会设计的方法。本章就从认识建筑与建筑装饰设计开始我们的入门。

第一节 建筑与建筑装饰设计工作的特点

一、政策性

建筑与建筑装饰设计质量的好坏，将直接关系到建筑的社会效益、经济效益、环境效益，甚至影响到人身安全。所以，建筑与建筑装饰设计工作必须以国家的法律、法规、政令、政策和有关技术标准、设计规范为依据，来进行有效的设计的工作，从而满足人们生产、生活的需要。

二、综合性

建筑与建筑装饰设计是一门综合性学科，除了建筑学、建筑装饰设计外，还涉及结构、材料、施工、经济、社会、文化、环境、行为、心理、人体工程学等众多学科内容。要做一名合格的设计师必须对相关学科有着相当的认识与把握。

建筑大师赖特曾说："建筑是生活，至少是一种有形式的生活，所以建筑是生活的真实反映。"而我们的生活丰富多彩，也就产生了建筑与建筑装饰的各种类型特色，如居住、商业、办公、教学、体育、剧院、展览、纪念、交通等等。对于如此多样的物质与精神需要，我们无法在有限的设计训练中做到全面理解和掌握。因此，学会一套简便而有效的学习方法和工作技巧尤为重要。

三、继承与创新性

正如一位伟人所说："建筑是人类历史发展的纪念碑。"从中可以看得出，人类社会的发展历史有多久远，我们的建筑历史就有多么漫长。每个历史阶段都留下了丰富的建筑技术与艺术成就，并体现了各个时代的设计理念及风格特色。

各种风格流派都有其合理的内涵。我们学习建筑与建筑装饰设计，就应懂得其发展历史及各种流派的基本特点，从中吸取有益的养分，把握其本质和发展方向，从而在继承中发展创新。正如建筑大师勒·柯布西耶在《新建筑》杂志上写到："一个新的时代开始了，它根植于一种新精神，一种有明确目标的建设性和综合性的新精神。"

四、技能与方法性

建筑与建筑装饰设计要求设计创作者不仅有严谨的逻辑思维能力和丰富的形象思维能力，而且能够掌握多种图式语言的表达技能及合理、有效的设计方法。

建筑与建筑装饰设计的思维方式，体现在它的设计过程之中，可以概括为：分析研究→构思设计→分析选择→再构思设计……如此循环发展的过程。"分析"所运用的主要是逻辑思维方式。而"构思"则是借助想象把逻辑结果发展成图式语言的形象思维方式。

要掌握熟练的设计表达技能，必须不断反复地训练基本表达方式：徒手画、渲染等等。做到熟能生巧，运用自如。

在现实的建筑与建筑装饰设计创作中方法多种多样。针对同一设计对象与建设环境，不同的设计者会采取不同的方法和对策，并得出完全不同的结果。因此，要对各种设计方法有一个理性、客观的认识，以便树立科学合理的设计理念。一般方案设计可分为任务分析、方案构思和方案完善三个阶段，并需要多次循环往复才能完成。基本设计方法可概括为："先功能后形式"与"先形式后功能"两大类。"先功能"是以功能分析为起点并通过研究功能需求确立比较完善的平面关系之后，再转化成为空间形象。"先形式"则是从空间形象构思入手，当确定一个比较满意的形体关系后，再来完善功能。当然，这两种方法不是对立的，都需要相互融合，多次循环才能完成。

第二节　建筑与建筑装饰的方案设计

一、题目分析与调查研究

设计的题目相当于实际工作中业主委托的项目设计任务书。设计任务的分析就是按设计要求，对项目做全面的经济、技术、功能、环境条件分析，从而为方案设计确立科学的依据。

在构思方案之前，还应借鉴其他项目的设计经验，掌握相关规范标准及有关基础资料（如面积指标、设备配置等）。这是调查研究中非常重要的环节。

1. 题目分析的要求

（1）从个体空间──→建筑整体功能关系

一般而言，一个建筑都是由若干个功能相同或不同的空间单元组合而成的。为了准确把握设计对象的功能要求，我们应对各个空间单元进行分析研究，具体包括：体量尺度、设施设备、位置关系、环境要求（物理、景观）、空间属性（私密还是公共、静态还是动态）等，如图3-1所示。其次，依据各空间之间的内在关系，使之形成一个有机整体。在设计过程中常常借助功能关系图来进行描述（图3-2）。

反映内容包括：

相互关系：是主次、并列、序列或混合关系？

组合方式：是树干、串联、放射、环绕或混合？

密切程度：是密切、一般、很少或没有？

关联形式：是距离上的远近、直接、间接或隔断等？

（2）从空间类型──→个性特点

建筑空间种类繁多，不同空间有着不同的性格特点，有庄严崇高的，有亲切宜人的，作为设计者首先必须把握建筑空间应有的特征。其次还应对使用者的职业、年龄、学历以及兴趣爱好等个性特点进行必要的分析研究，准确把握。这样，才能设计出为使用者所接受并喜爱的建筑空间作品。

（3）环境整体分析

任何建筑都存在于客观环境之中。只有通过对环境条件的调查分析，才能把握整体，分清利弊因素，作出符合实际的好设计。具体的环境要素应包括：微观个体环境与宏观区域环境、社会人文环境与自然地理环境等。

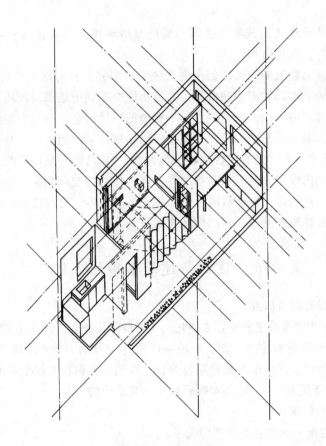

室内单一空间轴测图

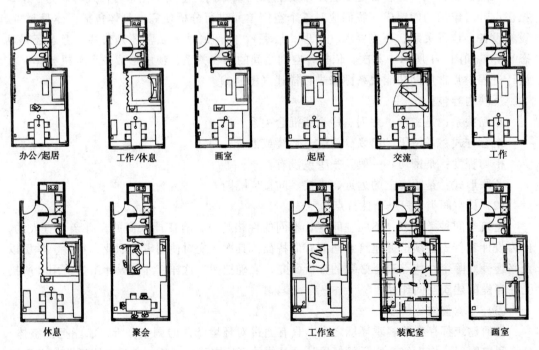

办公/起居　　工作/休息　　画室　　起居　　交流　　工作

休息　　聚会　　工作室　　装配室　　画室

图 3-1　不同功能平面布置

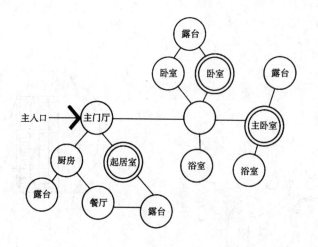

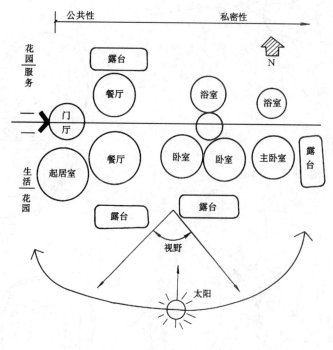

图 3-2

微观个体环境——主要指室内空间的环境特征，包括体量、空间尺度及声、光、热的物理环境等。

宏观区域环境——主要指建筑周边、道路交通、所处方位、市政设施、城市规划条件（如退红线距离、建筑密度、容积率、绿地率、车位等）。

社会人文环境——主要指社会经济条件（政治、经济、文化、风俗等）、地方人文特色（道路交通、历史名胜、地方建筑等）。

自然地理环境——主要指地形地质条件及气候气象条件（如日照、风向、降水、气温、湿度等），如图3-3所示。

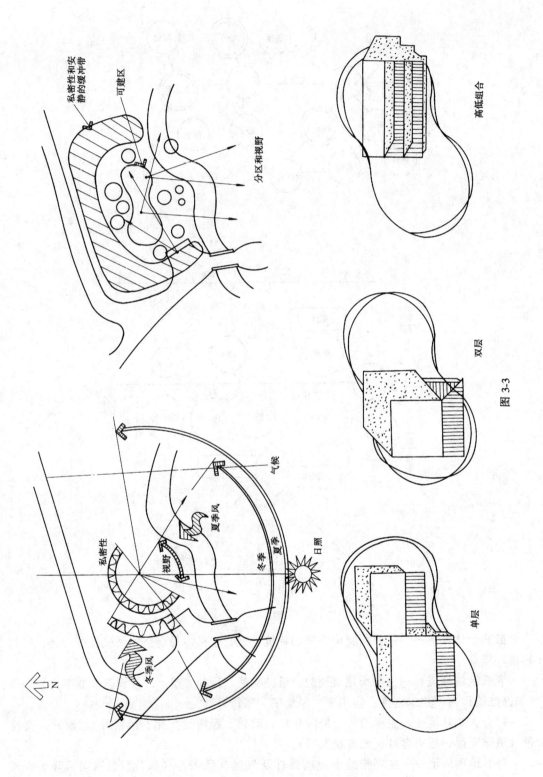

私密性和安静的缓冲带

可建区

分区和视野

气候

私密性

视野

夏季风

冬季

夏季

日照

冬季风

N

高低组合

双层

图 3-3

单层

130

（4）经济技术因素分析

技术与经济的可行性是建设项目实施的必要保证，也是确立建筑标准、结构方案、材料档次及设施设备的关键因素，是除功能、环境之外影响建筑设计的另一重要因素。在初学期间，可暂不作为重点考虑。

2.题目分析的方式

（1）运用比较分析的方式把握题目特点

如：——学生宿舍和住宅居室有什么不同？

——学生宿舍的功能与宾馆客房有何不同？

——室内布置的主要内容是家具，宿舍家具在尺度及布置要求方面与宾馆客房家具有何区别？

（2）运用自我提问方式，得出结论，把握特点

如：——建筑物最主要功能是什么？

——建筑物性格特征是怎样的？

——建筑环境有何特点？

——建筑宜采用何种平面形式？

——空间的属性是怎样的？

——建筑空间宜用何种材料限定？采用什么主色调？

3.收集资料、深入调研

（1）收集资料

相关资料搜集包括规范性文件和设计图文资料两方面。

设计规范是在设计过程中必须严格遵守的法律、法规条文，如消防规范、交通规范等。它是工程设计质量的法律保障与技术标准。

设计图文资料包括有关本类型设计的论著、设计手册及参考资料，应着重了解总体规划、平面组织、空间造型等技术性问题。

（2）实例调研

根据本设计题目的类型、特点，选择一些在性质、内容、规模等方面相近的已建项目，做技术上的全面了解及使用中的情况调查。最后，以图、文形式将调查结果详尽地表示出来，形成一份有价值的第一手资料。

二、方案草图的形成与比较

经过详尽的调研分析即可进入方案设计阶段。本阶段的具体工作包括立意、方案构思和多方案比较。

设计立意就相当于文章的主题构思，是方案设计的灵魂、原则和目标。

方案构思就是把第一阶段的分析研究成果转化为具体的建筑空间形态。这是从理念到形象的转变过程。

方案形成的大体工作步骤：平面草图→平、立、剖配合→多方案比较，并应遵循由粗到细的工作原则。首先要把握方案构思主流要点，而非枝节末端。如，在平面图中，首先应解决的是各房间的位置关系，而不是一窗一门的具体尺寸；在立面图中，首先应考虑比例关系，而不是某一细部做法。只有这样，才能更好地把握设计的大方向（图3-4）。

在建筑设计与装饰设计中基本构思的好坏，直接影响整个设计的成败。特别是在一些

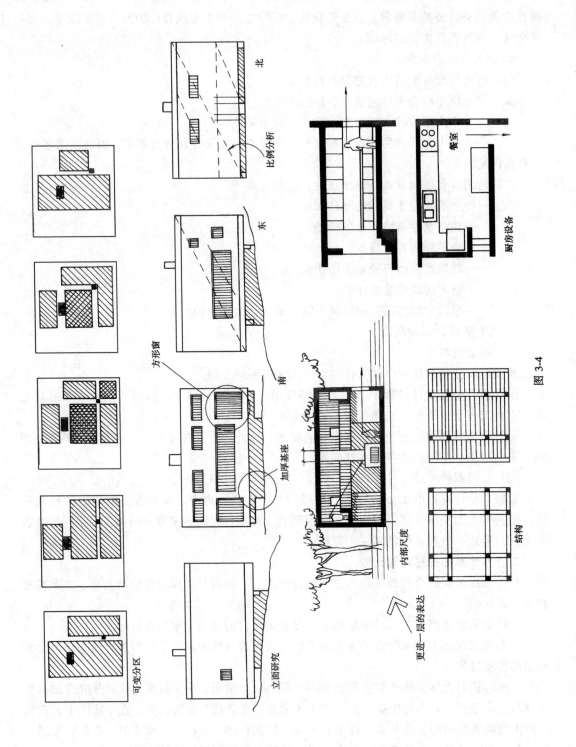

图 3-4

可变分区

立面研究

比例分析

北

东

南

方形窗

加厚基座

更进一层的表达

内部尺度

厨房设备

餐室

结构

132

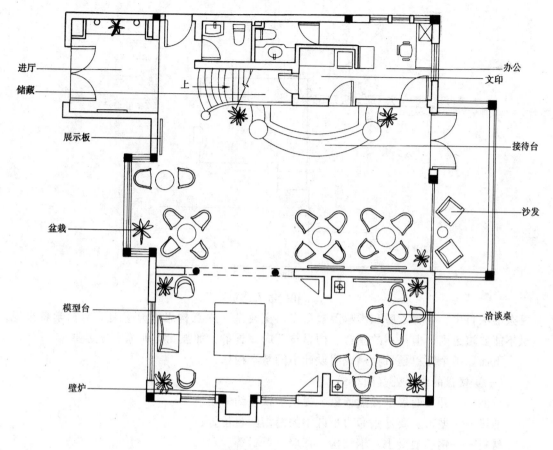

进厅
储藏
展示板
盆栽
模型台
壁炉

办公
文印
接待台
沙发
洽谈桌

平面布置

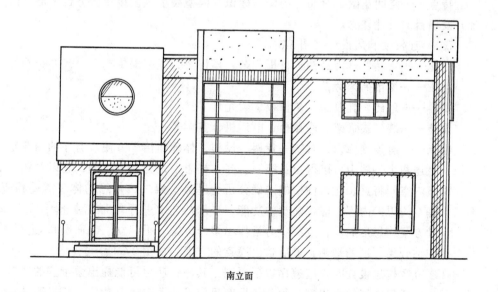

南立面

图 3-5 （一）

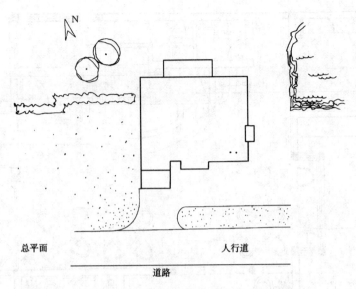

总平面　　　　　　　人行道

道路

图 3-5 （二）

复杂的项目中，各种矛盾和影响因素更多、更复杂，立意构思尤显重要。对初学者来说，虽不能要求过高，但基本的立意、构思技巧应该具备，加强此类训练十分必要。

下面以两个简单题目为例说明设计中的基本构思：

（一）楼盘的售楼处（图 3-5）

功能——开发商展示楼盘形象、提供洽谈签约的场所；

地段——城市主要道路旁边小区中的沿街醒目位置；

材料——钢筋混凝土、钢结构、幕墙、石材等；

性格——与楼盘风格相协调，造型新颖、醒目；

特点——空间宽敞，有明确的楼盘标识、模型展示，设接待服务台、洽谈区，并能体现开发项目的设计理念。

（二）连锁便利店设计（图 3-6）

功能——食品、日用品销售，报刊杂志零售及为顾客提供电话、代办交费等；

地段——城市街区旁；

材料——地砖、乳胶漆、矿棉板、荧光灯等；

设施——装配式货架、冷藏柜、电话机、空调等；

特点——有连锁标识，有统一货架、设施，体现简洁、方便、有序的商业空间形象。

从上述两个举例中可以得出：第一，基本构思不是凭空产生的，它以对题目的全面了解，对室内空间特点、建筑性格的准确分析为基础。第二，构思的体现需要相应的技巧。第三，基本构思的内容，应将建筑的功能、技术与艺术进行有机的融合。

设计方案构思形成后，应集中力量作出多个方案（平、立、剖面图），进行比较分析，并予以归纳分类，斟酌平衡，最后选出满意的方案，如图 3-7 所示。

在多方案构思设计时，应遵循以下原则：其一，应尽可能提出数量多的、差别大的方案；其二，任何方案的提出都必须是依据题目要求，不能违背功能、环境等基本条件（图 3-8）。

在进行多个方案分析比较时，应当注意以下三方面：

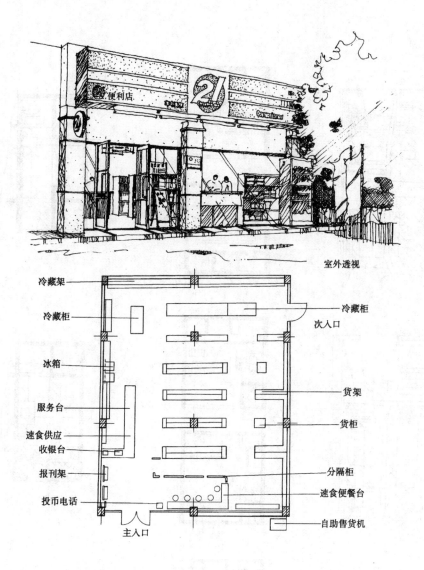

室外透视

冷藏架
冷藏柜
冰箱
服务台
速食供应
收银台
报刊架
投币电话
主入口

冷藏柜
次入口
货架
货柜
分隔柜
速食便餐台
自助售货机

图 3-6　平面布置

第一，比较设计要求的满足程度。设计要求包括功能、环境、结构、性质等多种因素。这是评价一个方案是否合格的最低标准。

第二，比较个性特色是否突出。一个好的方案应当将功能、技术、艺术有机地融合到一起，而且有所创新。

第三，比较修改调整的可能性。每个方案不可能十全十美，但有些方案的缺陷难以修改，对这些方案应谨慎地予以取舍。

三、方案的完善与表现图绘制

通过前阶段工作，已经初步确定了方案的发展方向，并选出了最佳的方案。但此时的设计还处在粗线条、大轮廓的层次上，在某些方面还可能存在一定问题。为了实现方案设计的最终目标，还需要对方案作出进一步修改及深入细致地推敲，将各种局部、细节问题，逐一加以解决，为绘制正式图纸做准备。

1．方案调整

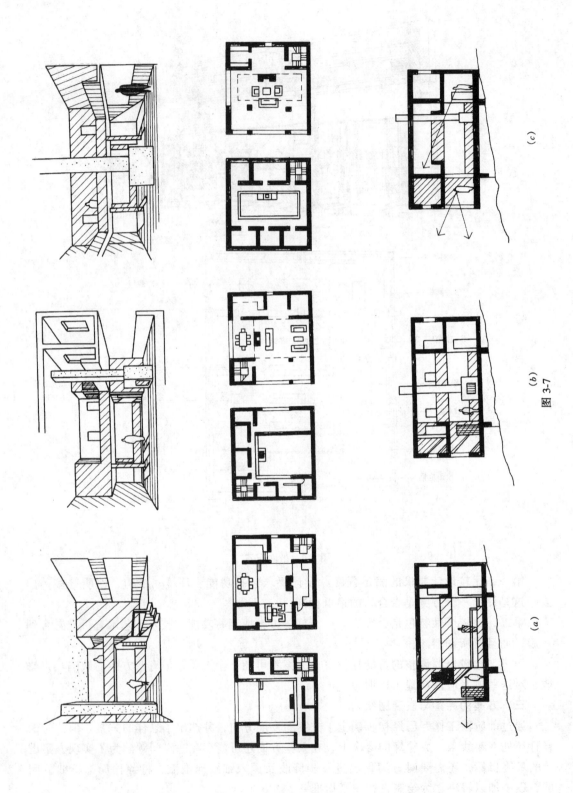

图 3-7

主要是解决在方案比较、分析过程中发现的问题，并弥补设计缺陷。

这里的调整，主要指方案的局部修改和补充，尽量不改变原有的整体布局和基本构思。

方案调整内容包括：平面图中各空间的形状和大小，门窗的位置和尺寸，家具设备的布置，交通流线的组织（如楼梯，通道位置、尺度）。立面和剖面图中的屋顶形式及结构

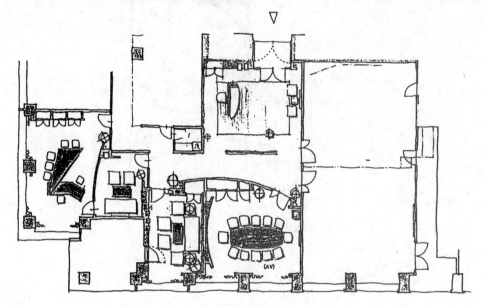

门厅方案 A 平面图

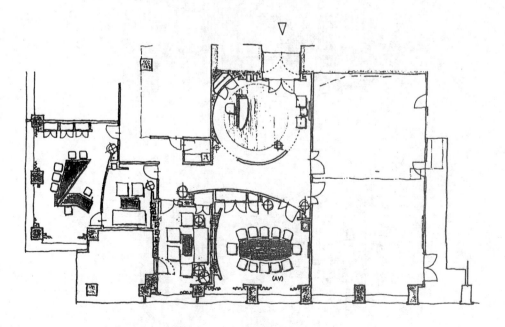

门厅方案 B 平面图

图 3-8（一）

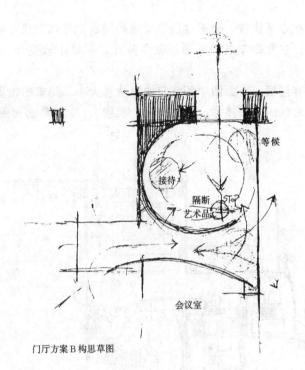

门厅方案B构思草图

方案A透视

方案B透视

图 3-8（二）

关系，台阶、门廊、雨篷、花格等造型处理，各形体的交接处理等等。

2．方案的深入

这一工作主要是解决和确认更为细致的各种设计问题。

深化过程主要通过放大图纸比例，由面及点，从大到小，分层次分步骤进行。方案构思阶段常用图纸比例为1:100（室内设计）、1:200、1:300。到方案深化阶段图纸比例放大到1:30、1:50、1:100。

首先，应将各构配件的位置、形状、大小及相互关系，精确地反映到平、立、剖面及总平面图中，并核对方案设计的技术经济指标，如面积、容积率、绿化率等等。其次，应对平、立、剖面及总平面图进行更为深入细致的推敲刻画，包括平面中的铺地、小品与家具陈设，立面图中的墙面、门窗的划分及材料的质感、色彩等等。

3．注意方案设计表现方法

（1）推敲性表现

它是设计者在构思过程中形象思维活动最直接的记录与展现。其作用是帮助设计者及时把握形象思维，以分析、判断，选择方案构思。其表现形式有：

草图表现——徒手绘制草图法。它的特点是迅速而简洁。在绘制草图过程中，设计者一面动手画，一面思考设计中的问题，手、眼、脑并用，并在较短的时间内，最有效地把设计意图表现出来。它要求设计者必须有较高的徒手表现技巧，同时强调使用半透明的草图纸，使设计思路得以连贯发展，并可使设计工作由粗及细逐步深入（图3-9）。

草模表现——直观的三维空间表现法。其特点是可以对空间造型的整体关系以及外部环境进行全方位表现。但不足之处在于受模型大小制约，会过分突出第五立面（屋顶），且受制作技术限制，细部表现往往不够。

计算机模型表现。它兼顾了草图表现与草模表现两者的长处，既可以深入刻画细部，又能全方位表现空间造型整体关系与环境关系。

综合表现。它是在设计构思过程中，根据不同阶段、不同对象的不同要求，灵活运用各种表现方式，例如，方案初始研究布局阶段采用草模表现，重点表现空间整体关系和环境关系，而在方案深入阶段采用草图表现，进行深入刻画。

（2）展示性表现

是指设计者针对阶段性讨论及成果汇报所进行的设计表现。要求把方案的立意构思、空间形象以及风格特色充分完美地展现出来，从而最大限度赢得评判者的认可。应注意以下几点：第一，绘制正式图前要有充分准备，对注字、图标、图题以及衬景避免反复修改以集中精力完善图面效果；第二，根据设计内容及特点选择合适的表现方法，如铅笔线、墨线、颜色线、水墨或水彩渲染以及粉彩等等。初学时可采用一些比较简单的画法，如铅笔或钢笔线条，平涂底色，局部加深法（平面中墙身、立面中阴影及剖面中实体、都属局部加深部分）；第三，注意图面构图，在图纸中，平面图主要入口一般朝下，而不一定按"上北下南"来决定；图面构图要讲求美观，如：图面疏密有致，图形位置均衡，色调主次分明，衬景配置合理，标题、注字恰当等等，可预先作出小样，进行比较，应特别注意图面的效果统一，避免过碎、过多、过杂、过乱等现象（图3-10）。

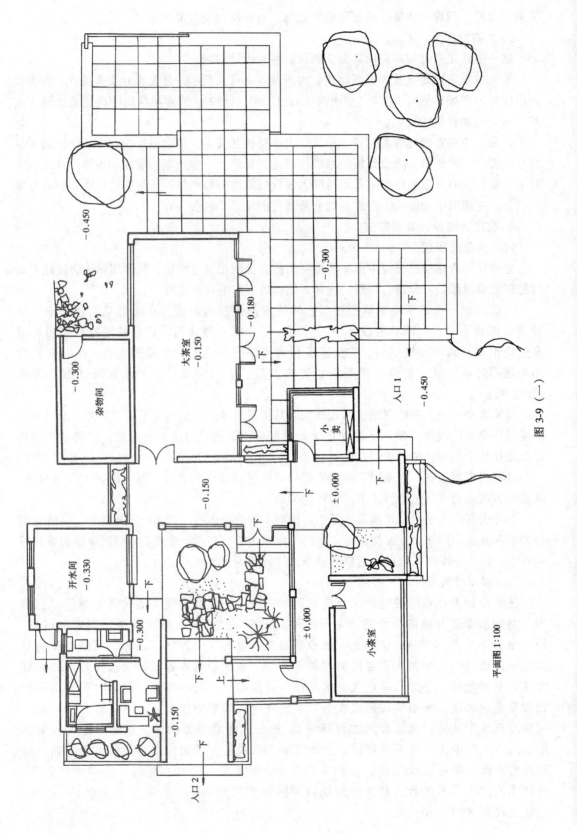

杂物间
−0.300

−0.450

大茶室
−0.150

−0.300

−0.180

下

下

入口1
−0.450

小卖

±0.000

开水间
−0.330

−0.150

下

−0.300

下

下

上

±0.000

小茶室

−0.150

下

入口2

平面图 1:100

图 3-9 （一）

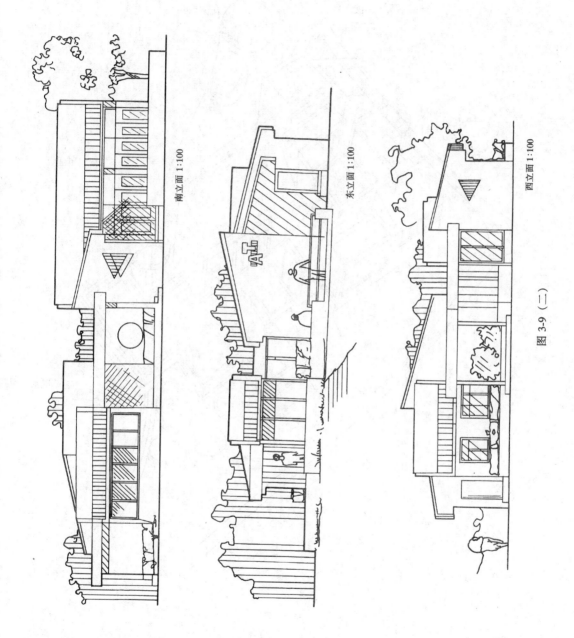

南立面 1:100

东立面 1:100

西立面 1:100

图 3-9（二）

141

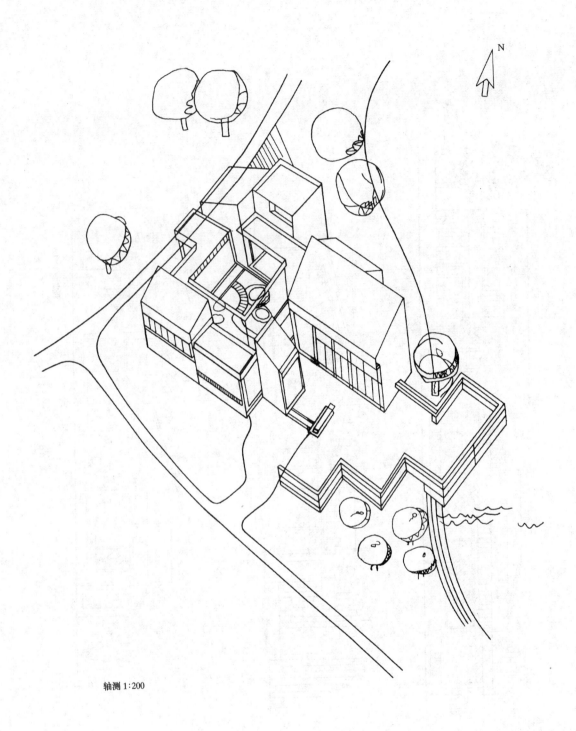

N

轴测 1:200

图 3-9 (三)

室外透视

图 3-10（一）

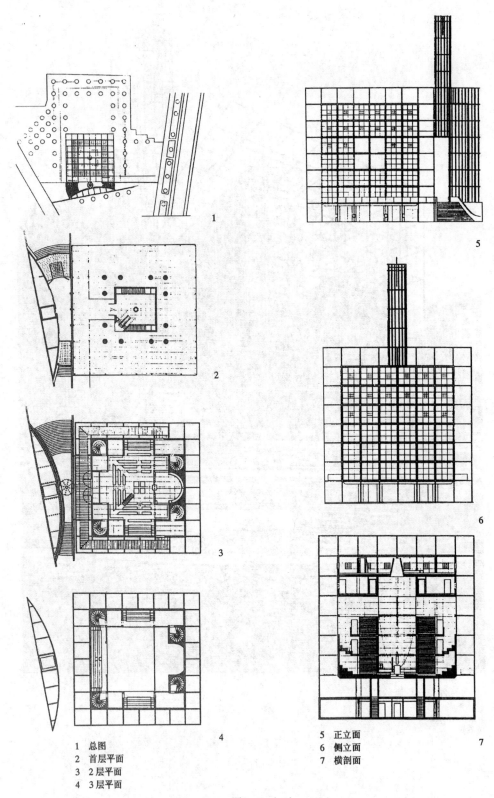

1　总图
2　首层平面
3　2层平面
4　3层平面

5　正立面
6　侧立面
7　横剖面

图 3-10（二）

第四章 作业任务指导书

本章为课程方案设计作业任务指导书，可根据教学需要选用。

作业一

沿街小商店方案设计任务书

一、设计内容

随着改革开放和市场经济的发展，个体经营者逐渐增多，某城市商业街道，沿街建筑中，建造个体经营商店一幢。

设计条件：

1.基地范围见总图；

2.周围建筑为 2~4 层旧式里弄住宅，过街楼净空高 3.7m；

3.新建商店为个体户经营，经营范围不限；

4.建筑面积控制在 200~300m²，层数为三层，也可局部四层；内容包括：商店营业厅、小仓库、办公室以及经营者住宅，室内外高差 0.45m。

5.建筑形式：新颖，体现文脉，商业气氛。

二、设计成果

1.图纸内容：

立面 1:100（沿街立面）

各层平面 1:100（包括室外环境及室内家具布置）

剖面 1:100（反映主要空间含楼梯）

效果图（室外）

2.图纸表达

(1) 以上内容表现形式不限；

(2) 效果图要求上色；

(3) 徒手图按比例绘制，平、立、剖面图中要求标注主要尺寸、标高。

三、基地环境附图（图 4-1）

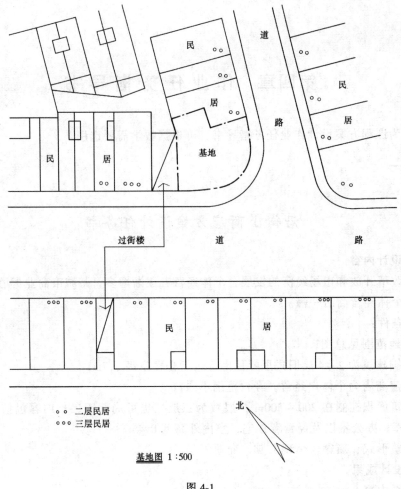

○ ○ 二层民居
○○○ 三层民居

北

基地图 1:500

图 4-1

作业二

独立式住宅方案设计任务书

一、设计内容

地域：长江三角洲某市郊；业主：电台播音员夫妇、孩子及一位老人；空间：起居室、会客室各一间共约 $50m^2$，餐厅一间约 $15m^2$ 左右，厨房约 $10m^2$ 左右（要求配室外杂物院），主卧室一间 $18m^2$，次卧室 $2\sim3$ 间共约 $40m^2$ 左右，根据业主从事工作特点设书房一间约 $20m^2$，并设卫浴共约 $20m^2$，生活阳台 $10m^2$ 左右，贮存间约 $10m^2$ 左右等辅助空间；厨房考虑使用煤气，另在院中考虑花房及停车位；总建筑面积约 200 余平方米；风格：现代；绿化：30%；基地环境：见附图。

二、设计成果

1. 图纸内容：

（1）总平面布置及底层平面（室内、室外环境设计）　　1:100

（2）二层平面（含家具、设备示意）　　　　　　　　　　1:100

（3）主立面（含材料、标高尺寸）　　　　　　　　　　　　1:100

（4）剖面（剖切位置含楼梯间，注标高）　　　　　　　　　1:100

（5）室外透视（快速表现）

2.图纸表达

（1）图纸：绘于 2 张 A2 铅画纸（2 号图）。

（2）尺寸标注：图中不标注详细尺寸，只需注明轴线尺寸及总尺寸，标出主要标高。

（3）表达：铅笔、墨线自定，采用工具或徒手绘制，但必须按比例绘制。

三、基地环境附图（图 4-2）

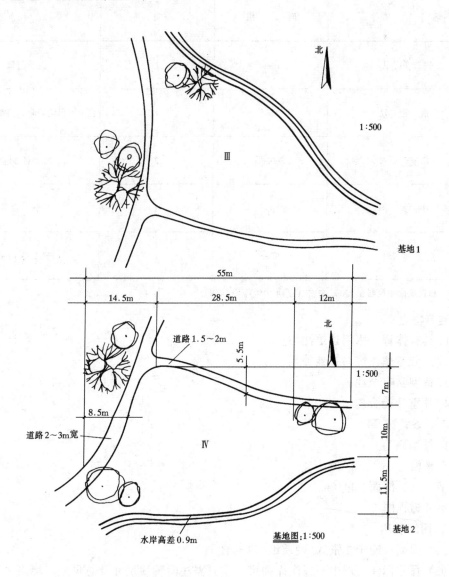

图 4-2

作业三

海滨浴场服务设施方案设计任务书

一、设计内容

海滨浴场旅游服务设施建筑设计。

拟在中国南方某市建海滨浴场，设计一套服务性建筑。

名　　　　称	面　　　积	间	备　　　　注
售票（门卫）	10m²	1	出售门票
借　物　处	20m²	1	出租遮阳伞、游泳圈等
浴室、更衣	60m²	2	男女各30m²
小　卖　部	10m²	1	饮料、食品
公　　厕	20m²	2	男女各10m²

注：总建筑面积控制在120m²左右（浮动10%）。

建筑特点：

1. 具有体育、休闲建筑性格；

2. 充分考虑建筑与基地关系；

3. 造型富有个性；

4. 注重功能合理。

二、设计成果

1. 图纸内容：

总平面　　　　　　1:500

平、立、剖面　　　1:100

室外透视图

2. 图纸表达

（1）图纸：绘于2张A2硬质纸（2号图）。

（2）尺寸标注：图中不标注详细尺寸，只需注明轴线尺寸及总尺寸，标出主要标高。

（3）表达：上墨、上水彩色，按比例用工具绘制。

三、基地环境附图（图4-3）

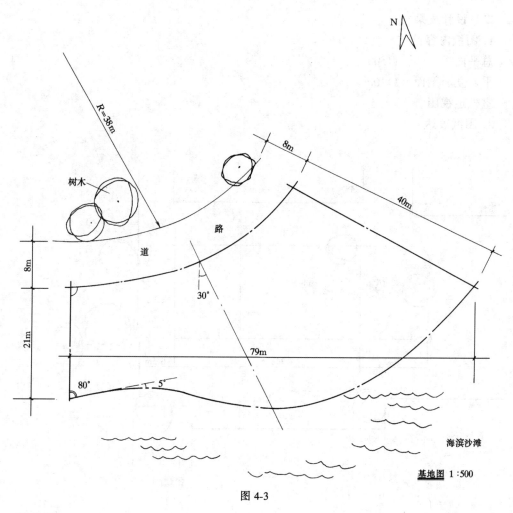

图 4-3

作业四

校园建筑方案设计任务书

一、设计内容

小饮食店设计

为了方便广大师生员工的生活，提供一个舒适的就餐环境。

房间名称与建筑面积分配

名　　　　称	间	建筑面积（m²）
餐　　厅	1	90
厨　　房	1	36
储　藏　室	1	10
办公休息（考虑一人值班）	1	10
卫生间（内部使用）	1	4
总　　　计	5	150

注：面积可浮动 10%。

二、设计成果

1.图纸内容：

总平面　　　　　 1:500

平、立、剖面　　 1:100

室外透视图

2.图纸表达

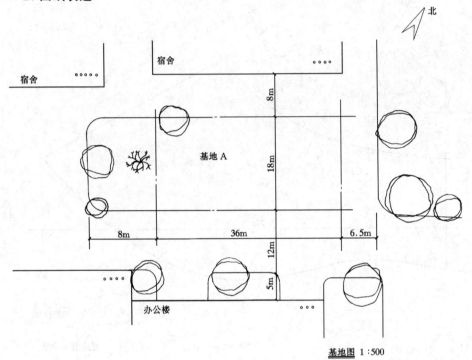

基地图 1:500

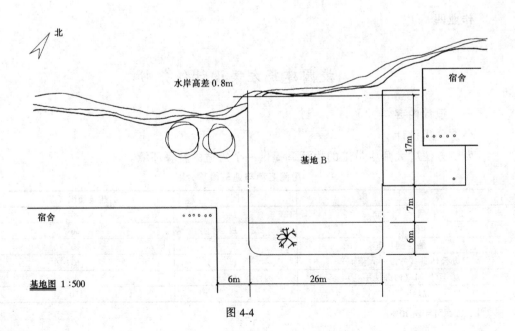

基地图 1:500

图 4-4

（1）图纸：绘于 2 张 A2 硬质纸（2 号图）。

（2）尺寸标注：图中不标注详细尺寸，只需注明轴线尺寸及总尺寸，标出主要标高。

（3）表达：上墨、上水彩色，按比例用工具绘制。

三、基地环境附图（图 4-4）

作业五

独立式住宅客厅室内方案设计任务书

一、设计内容：

根据作业二设计内容，对该建筑客厅进行室内方案设计。客厅内应布置沙发、茶几、矮柜、陈设、绿化，考虑视听、会客、起居功能。

二、设计成果：

1. 图纸内容：

（1）平面布置图　　　　1:50

（2）顶棚布置图　　　　1:50

（3）客厅立面图　　　　1:50

（4）客厅效果图

2. 图纸表达

（1）图纸：绘于 1 张 A2 硬质纸（2 号图）。

（2）尺寸标注：图中不标注详细尺寸，只需注明轴线尺寸及总尺寸，标出主要标高。

（3）表达：上墨，上水彩色，按比例用工具绘制。

参 考 文 献

1. 王文卿编著 . 西方古典柱式 . 南京：东南大学出版社，1999
2. 田学哲主编 . 建筑初步 . 北京：中国建筑工业出版社，1982
3. 刘致平著 . 中国建筑类型及结构 . 北京：中国建筑工业出版社，1957
4. 中国建筑史编写组编 . 中国建筑史 . 北京：中国建筑工业出版社，1998
5. 许祥华，唐金龙编绘 . 现代建筑图集 . 上海：上海科学技术出版社，1987
6. [美] 弗朗西斯·D·K·钦著 . 邹德侬，方千里译 . 建筑：形式·空间和秩序 . 北京：中国建筑工业出版社，1987
7. 李延龄主编 . 建筑画表现技法 . 北京：中国建筑工业出版社，1998
8. 骆宗岳，徐友岳主编 . 建筑设计原理与建筑设计 . 北京：中国建筑工业出版社，1998
9. 俄罗斯列宾美术学院编 . 俄罗斯列宾美术学院建筑系学生作品集 . 沈阳：辽宁美术出版社 1995
10. RESOUVCE WORLD Publications，Inc . Natick Massachusetts Rockport Publishers，Inc . Rockport，Massachusetts .

附 图

附图 1

附图 2

附图 3

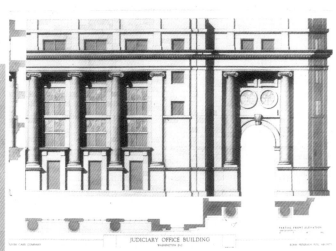

附图 4

附图 5

附图 6

附图 7

附图 8

附图 9

附图 10

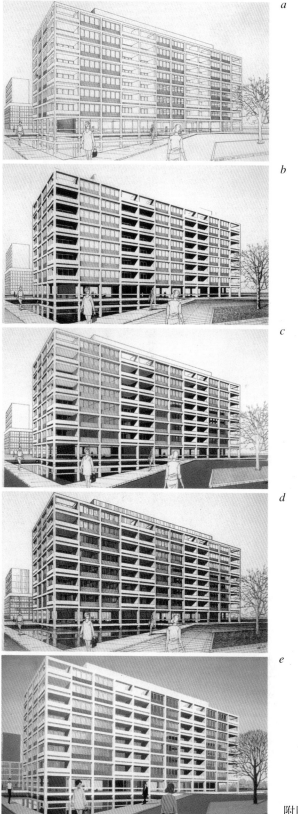

a

b

c

d

e

附图 11